U0269790

干旱区典型浅水湖泊流域水文模拟与调控

于瑞宏　郝艳玲　任晓辉　王立新　著

中国水利水电出版社
www.waterpub.com.cn
·北京·

内 容 提 要

本书以乌梁素海流域为例全面系统论述了干旱区典型浅水湖泊流域水文模拟过程与调控策略。全书共分 7 章，主要内容包括：开展 SWAT 模型的年径流模拟、HEC-HMS 模型的次洪水模拟、缺资料区的流域综合模拟，阐明流域不同时间尺度径流模拟特征及干旱特征，借助河湖系统观点，揭示流域干旱与下游湖泊之间的关系，并提出流域与湖泊调控策略。

本书可供从事水文、水资源、地理等研究的科研人员学习参考，并可作为大专院校有关专业教师、研究生的参考书。

图书在版编目（ＣＩＰ）数据

干旱区典型浅水湖泊流域水文模拟与调控 / 于瑞宏
等著. －－ 北京：中国水利水电出版社，2021.10
ISBN 978-7-5170-9758-7

Ⅰ. ①干… Ⅱ. ①于… Ⅲ. ①干旱区－湖泊－流域－
水文模拟－研究 Ⅳ. ①P334

中国版本图书馆CIP数据核字 (2021) 第150252号

书　　　名	**干旱区典型浅水湖泊流域水文模拟与调控** GANHANQU DIANXING QIANSHUI HUPO LIUYU SHUIWEN MONI YU TIAOKONG
作　　　者	于瑞宏　郝艳玲　任晓辉　王立新　著
出版发行	中国水利水电出版社 （北京市海淀区玉渊潭南路 1 号 D 座　100038） 网址：www.waterpub.com.cn E - mail：sales@waterpub.com.cn 电话：(010) 68367658（营销中心）
经　　　售	北京科水图书销售中心（零售） 电话：(010) 88383994、63202643、68545874 全国各地新华书店和相关出版物销售网点
排　　　版	中国水利水电出版社微机排版中心
印　　　刷	清淞永业（天津）印刷有限公司
规　　　格	170mm×240mm　16 开本　7 印张　137 千字
版　　　次	2021 年 10 月第 1 版　2021 年 10 月第 1 次印刷
定　　　价	**45.00** 元

　　干旱区湖泊环境演变是一个动态发展的过程，在这一过程中，它既受湖泊形态特征及自身承载能力的影响，也受周边流域环境变化的控制，二者的共同作用最终决定了湖泊的演变趋势。以往干旱半干旱地区的研究多着重于湖泊内部要素对环境演变的影响，而忽略周边流域暴雨洪水对湖泊环境演变的影响，本书从河湖关系角度出发，基于半分布式水文模型及综合水文模型，分析不同时间尺度流域水文过程，研究长期径流及暴雨洪水对湖泊形态及量质的影响，旨在揭示流域对湖泊的定量贡献，对于干旱区湖泊研究具有重要的意义，可为干旱区湖泊环境的改善提供新的思路，也可为湖泊可持续开发利用提供依据与参考。由于干旱半干旱地区的湖泊受典型大陆性气候及地形条件的影响，且湖泊形成条件具有相似性，其环境演变特征往往呈现出相似的特性，本书所使用的方法可拓展到其他相似湖泊及流域。

　　本书选取黄河流域最大的淡水湖泊乌梁素海为典型区，以湖泊及其流域的关系研究为出发点，基于流域产流主要受自然因素控制的事实，从流域暴雨洪水对湖泊淤积形态的影响着手，分析湖泊局部淤积变化，继而从局部拓展到整体，探讨湖泊全域环境的演变过程。其目的在于揭示湖泊环境的健康发展及持续利用的影响因素，填补典型流域暴雨洪水对湖泊环境影响研究的空白，并为干旱区浅水湖泊的研究提供有价值的参考。

　　本书大致阐述了以下三方面的内容：①初步揭示了干旱区浅水湖泊乌梁素海及其周边流域历史演变的基本事实，并获得部分规律性认识；②对流域做了一定的阐述，并采用多种方法进行不同时间尺度流域水文模拟，其中不乏本文作者的一些新观点；③探索了流域对湖泊水量及环境的影响，提出湖泊环境治理的思路与途径，希望能为类似湖泊及流域研究提供某些借鉴。具体而言，第1章对湖泊及其周边流域进行概述，提出流域水文模拟与调控研究的思路、方法与意义；第2章给出基于DEM数据的流域特征参数提取；第3、第4、第5章分别使用SWAT、HEC-HMS及综合水文模型模拟流域不同时间尺度径流过程；第6章揭示流域干旱对湖泊环境的影响；第7章阐述了河流与湖泊的关系，并提出了关于干旱区河湖关系研究的一些认识和想法。

全书由于瑞宏、任晓辉统稿。第1章由于瑞宏、王立新执笔，第2、第3章由于瑞宏执笔，第4、第5章由于瑞宏、任晓辉执笔，第6、第7章由于瑞宏、郝艳玲执笔。本书撰写过程中所引用的论文和论著均作为参考文献列于各章最后。内蒙古工业大学郝瑞英老师，浙江大学郝韵博士，北京师范大学张笑欣博士，鄂尔多斯电业局张宇瑾，鄂尔多斯市水利局多兰，内蒙古大学硕士研究生曹正旭、张状状、朱鹏航、汪俊、葛铮、李向伟参与了本书的部分工作。

本书得到内蒙古自治区重大专项黄河流域内蒙古段生态水文退化和恢复机制与绿色发展的水资源调控技术示范（2020ZD0009）、"内蒙古—湖两海水污染控制与综合治理关键技术研发与集成示范"（ZDZX2018054），国家自然科学基金项目"水文条件-营养盐负荷交互作用下干旱区浅水湖泊稳态转换驱动机制与调控"（51869014），内蒙古自治区科技计划项目"河流-灌区-湖泊连续系统水污染防治技术集成示范"（2019GG019）的资助。

限于编者水平，书中难免存在一些问题和错误，敬请广大读者批评指正。

作者

2020 年 12 月

第1章 概　述

　　干旱是影响我国北方生产活动的一个重要制约因素，地处干旱区的河流不同程度地受到干旱半干旱大陆性气候的影响，这些地区太阳辐射强，干湿期差异大，经常出现大风和多风天气，特别是秋末冬初，冷空气活动和寒潮天气过程比较频繁；降水历时短、强度大，多表现为局部超渗产流方式，汇流速度极快，尤其水土流失区会形成水沙俱下的态势，导致洪水陡涨陡落；下垫面条件存在明显空间不均匀性，表层土壤含水量变化剧烈，入渗作用层不深，土壤中水分垂直分布状态对入渗能力及过程的影响不可忽视，产流驱动条件复杂；众多小河流具有季节性，年内大部分时间为小径流甚至无径流，测站布设稀疏，水文数据缺乏，通常为无资料和少资料地区。以上特性决定了干旱半干旱地区典型流域在产汇流过程中的独特性与复杂性，与此相对应，这些地区的水文模拟也成为国内外水文研究的热点与难点。

　　流域水文模型是水文学研究的重要手段与方法之一，是研究水文自然规律和解决水文实际问题的主要工具，长期以来流域水文模型一直都是水文学研究的核心问题，由于流域内各种自然因素错综复杂，难以全面描述，从而涌现出大量结构和功能各异的流域水文模型。根据模型结构和参数物理特性，可划分为概念性水文模型和分布式水文模型。概念性水文模型使用抽象和概化方程表达流域水循环过程，结构相对简单；分布式水文模型则使用严格的数学物理方程表述水循环的各种子过程，充分考虑空间变异性，并着重考虑不同单元间的水力联系，通过连续方程和动力方程求解，模型参数具有明确物理意义且无需通过实测水文资料来率定，可解决参数间不独立性和不确定性问题，便于在无实测水文资料的地区推广应用。

　　无资料或资料稀缺地区的水文研究是近代国际水文水资源研究的热点和难点问题之一，2003年7月在日本召开的第23届国际大地测量及地球物理学联合大会（UIGG）期间，国际水文科学协会（IAHS）明确提出未来10年水文科学研究热点之一，即针对发展中国家水文观测缺资料及无资料流域水文预测的科学研究计划（predictions in ungauged basins，PUB计划），而分布式水文模型则是解决干旱区无资料地区大尺度水文模拟的重要手段，其不仅可以帮助人们更深入地了解水文循环在不同时间和空间尺度上的演变规律和过程，也可为综合解决实践中各种与水文循环紧密相关的问题提供更加有效的框架和平台。

随着计算机科学的发展，应用于不同平台、面向不同用户的各种地理信息系统（GIS）和遥感（RS）技术的逐步发展完善，其不仅可为分布式水文模型中流域不均匀下垫面提供地形、地貌、土壤覆盖、植被分布等参数，也可与部分水文模型实现无缝嵌套，这也使得缺资料或无资料地区水文模拟成为可能，即根据降雨、蒸发、植被、土壤以及水力学特性等自然地理条件及数据获取情况的不同，选用最适宜的模型应用于当地的降雨径流模拟。

1.1　乌梁素海概况

乌梁素海位于内蒙古自治区临河市乌拉特前旗境内，是黄河流域最大的淡水湖泊，也是亚洲湿地公约组织名录中的大型湿地生物多样性保护区。位于北纬 $40°36' \sim 41°03'$，东经 $108°43' \sim 108°57'$ 之间，南北长约 40 km，东西宽约 8 km。湖泊水位控制高程 1018.5 m，水深 $0.5 \sim 3$ m，其中水深在 $0.8 \sim 1.0$ m 的水域占 80%，蓄水量 2.5 亿～3 亿 m^3。

乌梁素海是河套灌区排灌水系的重要组成部分，对灌区排水和控制盐碱化起着关键作用，主要补给水源包括河套灌区的农田退水、工业废水、生活污水及东部流域的暴雨洪水。湖泊西岸自北至南有总排干、通济渠、八排干、长济渠、九排干、塔布渠和十排干等主要灌溉渠道和排水沟与湖体相连。1984—2019 年灌排渠系多年平均入湖水量为 7.49 亿 m^3；湖水主要消耗于水面蒸发和水生植物蒸腾，多年平均蒸发蒸腾总量为 5.89 亿 m^3，其次是退水，1984—2019 年多年平均退水总量（出湖水量）为 1.44 亿 m^3，由乌毛计退水闸泄入总退水渠，之后排入黄河。1978 年河套灌区化肥施用量仅 7 万 t，到 2017 年已迅速上升到 60 万 t，而化肥利用率仅 30%，于是流失的化肥随农田退水进入乌梁素海，加速了乌梁素海的富营养化和沼泽化进程。目前，乌梁素海已成为十分典型的重度富营养化湖泊。经测定，乌梁素海大型水生植物总生产力高达 185.6 万 t/年，全湖芦苇蔓延，1975 年芦苇产量仅 2.3 万 t，至 2002 年已高达 12 万 t，2016 年又降至 7.9 万 t。因芦苇及水草等植物残骸腐烂沉积，20 世纪 50 年代以来湖底累计沉积厚度已达 360 mm，目前腐烂水草正以每年 $9 \sim 13$ mm 的速度在湖底堆积，致使乌梁素海已成为世界上沼泽化速度最快的湖泊之一。

1.1.1　湖泊成因及发育背景

乌梁素海为1850年由黄河改道而形成的河迹湖。1850年以前，黄河流入后套平原后分为南北两河。北河为主河道，以现今乌加河呈抛物线形沿狼山山脚通过色尔腾山和乌拉山间的明安川东流，与石门河（现称昆都仑河）相汇后，转向南流，后与南河（现今黄河）重新汇合。由于新生代第四纪新构造运动使阴山山脉持续上升，后套平原相对下陷，北河在现今的乌梁素海处受阻，不能继续东去而转向南流，形成一段南北走向的弧形河道，于西山咀附近流入黄河，这一段南北走向河道，就是乌梁素海的前身。北河改道后，在乌拉山西侧旧河道处，留有两处积水洼地，即乌梁素海湖区中较深的大巴尔洞和海壕，成为总面积为2 km²的河迹湖，其他地方则被垦为农田。1876年，汉族农民在后套平原得以定居，大兴水利工程，修整了各大灌渠。1930年后，将乌加河作为总退水渠道，农田灌溉退水均通过乌加河退入大巴尔洞及海壕两处洼地。因地势南高北低，灌溉退水量又大于乌梁素海向黄河的排水量，存水面积逐年扩大，加之黄河曾多次泛滥，致使水域面积不断扩张，这样逐渐形成了大型湖泊。

现今，乌梁素海北靠狼山南麓山前冲洪积平原，东接乌拉山洪积阶地，西部和南部为黄河北岸冲积平原，因位于后套冲淤积平原下游，地势最低，直接承泄后套农业灌溉退水、工业污水、生活废水，及东北部流域暴雨洪水，湖泊面积随补排水量差异逐年发生变化。

1.1.2　湖泊地貌特征及形态参数

河套平原地质上为一内陆断陷盆地，乌梁素海流域受狼山旋扭构造作用，形成扇面状，沉积层在流域地层结构中分布十分广泛，其中，沉积层上部为冲积层、洪积层和风积层，下部为巨厚的新老第四纪湖相淤积层。

乌梁素海流域内部地貌形态包括山麓阶地、山前冲洪积平原、黄河冲积湖积平原及风成沙丘等。流域最北端为山麓洪积平原，地形坡度较大，向南倾斜，坡度一般在3°~7°，在洪积扇交接处，常有南北向凹地，称为洪沟和干谷。山前冲洪积平原介于黄河冲积平原与山麓洪积平原之间，组成物质以砂砾、碎石和砂为主，常夹有黏质砂土。黄河冲积湖积平原是河套平原的主体，土壤以细砂、粉砂、亚砂土和亚土组成，沉积物分布以砂质沉积物为主，黄河故道上土质较粗，在沉积分选作用下，乌梁素海流域土质呈现由西向东颗粒渐细的分布趋势。此外，风积物的分布也很广泛，有些流动沙丘高度为2~20 m，半固定沙丘高1~2 m，固定沙丘平缓呈波状起伏，长满沙蓬等耐旱植物。风蚀洼地主要分布于西北-东南一线，一般面积为0.5~2 km²，深0.5 m左右，这些洼地积水后形成小湖洼，故乌梁素海东部流域内小湖洼较多。乌梁素海形态特征参数如表 1.1 所列。

表 1.1　乌梁素海形态特征参数

最大直线长度	36 km	岛屿率	6%
最大宽度	12 km	容积	3.3 亿 m³
平均宽度	8.15 km	平均水深	0.7 m
湖岸线发展系数	2.14	湖盆形状特征系数	22.1
湖周岸线长度	130 km	湖水滞留时间	160～200 d

1.1.3　湖泊面积变化

20 世纪 60 年代，乌梁素海水域面积约为 400 km²；70 年代初期，由于围湖造田、持续干旱和黄河过境水量减少以及灌区排水系统不健全等原因，湖泊面积显著减小，仅有 247 km²；1977 年 7 月乌梁素海流域普降暴雨，西北岸堤决口，湖面扩展为 293 km²。80 年代以来，基于历年 7—8 月 Landsat 卫星影像解译结果，历年面积变化曲线如图 1.1 所示。1986—2009 年湖泊面积呈增加趋势，其后至今呈波动减小趋势。

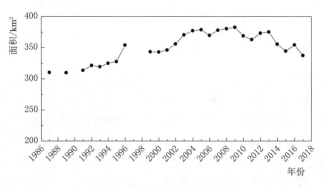

图 1.1　乌梁素海面积变化

1.1.4　湖泊水位变化

根据乌梁素海六分桥观测站 1970—2010 年水文观测资料，绘制水位过程线如图 1.2 所示。由图可知，乌梁素海水位总体上呈波动下降趋势，尤其 2000 年以来随着河套灌区节水改造工程的进行，灌区排入乌梁素海的水量逐渐减少，水位下降明显。

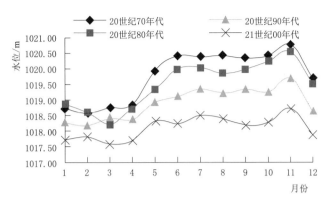

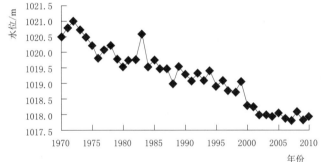

图 1.2　20 世纪 70 年代以来年均水位变化

1.1.5　湖泊水质变化

1. TN

乌梁素海 1998—2017 年总氮变化趋势如图 1.3 所示，由图可知，1998—2000 年，乌梁素海 TN 浓度属于低值范围，在 2 mg/L 左右；2001—2007 年，TN 的浓度处于高值范围，在 8 mg/L 上下浮动，期间在 2004 年虽有所下降，但在 2005 年急剧上升，并于 2006 年 TN 浓度达到峰值 10.98 mg/L，是地表水环境质量标准Ⅴ类标准限值的 5 倍。2008—2017 年，TN 浓度整体有所下降，水环境状况好转，但仍处于地表水环境质量Ⅴ类、劣Ⅴ类标准。

2. TP

TP 是造成水体富营养化的另一个重要指标，同时也是导致乌梁素海富营养化污染的限制性元素。由图 1.4 可知，TP 浓度变化范围为 0.07～0.41 mg/L，2001—2017 年呈振荡下降的变化趋势，乌梁素海水环境状况有所改善。2001—2007 年 TP 浓度处于高值范围，2001 年达到了最大值 0.41 mg/L；1998—2000 年及 2008—2017 年 TP 浓度属于低值范围，2017 年 TP 浓度降至最小值 0.07 mg/L。

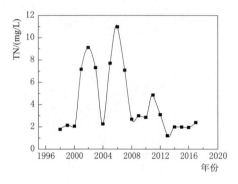

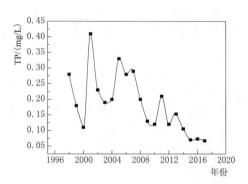

图 1.3　乌梁素海 TN 浓度变化　　　　　图 1.4　乌梁素海 TP 浓度变化

3. DO

DO 不仅是湖泊生态平衡的重要指标，亦可反应湖泊水体初级净生产力。湖中营养盐含量增加会促使藻类生长，降低 DO 含量，当藻类死亡后，水中的好氧微生物将其分解，DO 浓度下降。由图 1.5 可知，乌梁素海 DO 浓度变化范围在 3.27～8.34 mg/L 之间。1998—2006 年，DO 浓度变化不大，而 2006 年之后 DO 浓度有所下降，直至 2008 年降至最小值 3.27 mg/L，2009 年 DO 浓度有所上升并达最大值 8.34 mg/L，2010 年降低到 4.25 mg/L，2011—2017 年 DO 浓度可达地表水水环境Ⅱ类标准。

4. COD

COD 是表征水体中有机污染物含量的重要指标，由图 1.6 可知，COD 浓度变化范围介于 32.11～113.08 mg/L 之间。1998—2003 年为第一阶段，COD 呈先升高后下降趋势，在 2000 年达到这一阶段最大值 84.12 mg/L；2003—2010 年的第二阶段，2004 年开始上升，直至 2005—2007 年 COD 浓度最高，均在 100 mg/L 以上，在 2007 年经过综合整治，污染状况有所改善；2010—2017 年为第三阶段，2012—2013 年水质再次恶化，2014—2017 年，达地表水环境质量Ⅴ类标准。

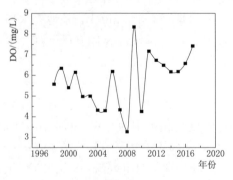

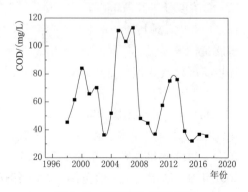

图 1.5　乌梁素海 DO 变化　　　　　图 1.6　乌梁素海 COD 变化

1.1.6 水环境问题

随着巴彦淖尔市工农业生产的发展和城镇人口的增加，每年都有相当数量的工业废水、城市生活污水以及含有大量农药化肥的农田高矿化度退水通过总排干进入乌梁素海，加之蒸发、蒸腾、有机体腐烂，湖水浓缩等自身因素影响，湖泊富营养化加重，海域内水生动植物物种退化，动物栖息地丧失，黄苔暴发，水域生态环境恶化现象逐年加重，这不仅影响乌梁素海水域功能，还直接影响到区域粮食安全，并威胁到黄河中下游供水安全，恢复湿地生态系统多功能性已迫在眉睫、刻不容缓。乌梁素海面临的主要水环境问题包括：

（1）湖体内各种水生植物疯长、藻类滋生蔓延，芦苇水下部分和水草每年腐败沉落后，在湖底形成强烈的生物淤积，导致湖底正在以 6～9 mm/年的速度抬高，泥沙冲淤积严重，湖底高程有逐年抬高的趋势，沼泽化进程加快。

（2）乌梁素海长期接纳巴彦淖尔市生活污水、工业废水及农田退水，加之湖泊生态补水困难、湖区水流不畅，致使 TN、TP、COD 等主要污染物及营养盐累积到湖区，在入湖水量逐年减少、各类污染物持续输入的情况下，水体污染严重，现状水质基本处于 V 类，水体富营养化，生物多样性遭到破坏，渔业资源严重衰退，形势依然堪忧。

（3）点源、面源污染尚未得到有效控制。随着巴彦淖尔市工业的快速发展，涉水企业增多，排污量加大，点源污染严重，已建和在建的污水处理厂管网建设覆盖率偏低、污水收集率低、雨污合流、处理达标差，城镇污水处理急待升级改造，城镇垃圾亟须有效收集和规范化处理，尽管近年建设了多个污水处理厂，但总体点源污染治理难度较大。农业面源污染治理严重滞后，控制化肥农药使用量总体难度大，效果不明显，加之农村生活污水处理刚刚起步，有机废弃物尚未形成有效的资源化利用途径，精准施肥、测土施肥虽然在部分地区进行了示范，但尚未进行大范围推广。底泥污染缺乏有效治理手段，尽管近年实施了网格水道开挖、生态过渡带、芦苇资源化利用等一系列内源污染治理项目，但平均沉积厚度约 50 cm、总量约 1 亿 t 的底泥仍未找到有效的治理途径。

针对以上水环境问题，政府围绕"生态补水，控源减污，修复治理，资源利用，持续发展"的思路，对乌梁素海进行综合治理，图 1.7 为 2003 年

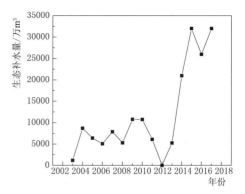

图 1.7　2003—2017 年乌梁素海生态补给水量

以来乌梁素海的生态补给水量。2003 年，水利部门利用黄河凌汛水、灌溉间隙水对乌梁素海进行生态补水；2006 年，形成 5 条引黄生态补水的常态机制；2007 年，国家环保总局对巴彦淖尔实行流域限批；2008 年，为控制点源污染，在上游旗县设了多个污水处理厂、中水回用工程、再生水供水工程，推广使用高效低毒农药，农作物病虫害绿色防控等技术，农业面源污染有所控制；2013 年以来，乌梁素海年均生态补水 2 亿～3 亿 m³，现今乌梁素海水质状况有所改善，基本处于地表水 V 类标准，部分水域达到 IV 类标准。

1.2　乌梁素海东部流域概况

1.2.1　乌梁素海东部平原区水文地质特征

乌梁素海东部平原区按照地貌形态，分为乌拉山山前倾斜平原，色尔腾山山前倾斜平原和大佘太冲洪积平原。乌拉山、色尔腾山山前倾斜平原区主要由乌拉山与色尔腾山山前冲洪积扇裙组成，它们在大小西滩一带相连，构成 7～8 km 宽的冲洪积平原。乌拉山山前冲洪积裙表现出由顶部至边缘，由东部向西部含水层变厚、水量增加、水位变浅的规律。色尔腾山山前倾斜平原由大佘太等许多冲洪积扇组成，扇的大小不一，大佘太冲洪积扇范围大，扇裙带宽度达 9 km，区域一般为 3～4 km，因为地形和构造等影响，地下水位呈现由东向西、由扇顶向前缘变浅的规律。大佘太冲洪积平原区位于乌拉山与色尔腾山冲洪积平原之间，西部河套湖积平原相接，北界大致在二道沙、苗二壕、十九分子、大小西滩一带，南界在白泥井一带，含水层岩性主要由粉细砂组成，近冲洪积平原地带颗粒较粗，夹有一些细砂砾石层。现状条件下，由于工农业用水量日益增加，地下水开采量逐年加大，地下水位呈持续下降的趋势。

1.2.2　乌梁素海东部流域水文气象特征

乌梁素海东部流域雨洪主要通过贾拉格河、乌苏图勒河、黑水壕河和黄土窑子河等 4 条河流排入下游湖泊乌梁素海，每年东部流域自然降水及雨洪对下游湖泊的补给量约为 1.2 亿 m³。该流域属干旱半干旱气候区，四季分明，其中 3—5 月为春季，6—8 月为夏季，9—11 月为秋季，12 月至次年 2 月为冬季。流域多年平均气温为 6.6 ℃，1 月平均气温为 −12.9 ℃，7 月平均气温为 23.1 ℃，气温由北向南递增，气温变化幅度大。全年降水集中且稀少，降水量 70% 以上集中在 7—9 月，多年平均降水量为 215 mm；太阳辐射强，属于全国日照最丰富地区之一；年主导风向为西北和北风，风速多为 2～4 m/s，且该地区常有大风和扬沙天气出现；蒸发量大，年蒸发量在 2167～2500 mm 之间；干湿期差异大，全年无霜期为 152 d，从初霜期 9 月下旬到终霜期 4 月下旬。

1.2.2.1 降水量

大气降水是地表水和地下水的基本补给来源，区域水资源量主要取决于降水量的大小及其空间分布特征。乌梁素海东部流域及其周边地区设有东官牛犋、十二分子、苗二壕、黄土窑子、沙盖补隆、哈业胡同、三湖河、乌拉特前旗、城库峦、石家碾房等 10 个雨量站点，加上 4 个水文站也有雨量监测记录，共 14 个站点有雨量监测记录。根据 1956—2017 年各站雨量进行统计，降水由西南向东北递减，降水量在 200~400 mm/a 间变动。

1. 降水量年内分配

由于地理位置、地形及气象条件等影响因素，乌梁素海东部流域降水量的年内分配极不均匀，全年大部分时间受西北气流控制，冬季漫长，气候寒冷而干燥，12 月、1 月、2 月 3 个月的降水量仅占全年的 3% 左右；春季风强，蒸发旺盛，干旱少雨；夏季短促，是一年中主要的降水季节，最大降水一般出现在 7 月或 8 月，占全年降水的 25% 以上，而 7—8 月降水总量占全年降水量的 30%~70%，汛期 6—9 月连续 4 个月的降水量一般占年降水量的 60%~90%。

2. 降水量年际变化

年降水量的变差系数和极值比是反映降水量年际变化的重要指标，根据 1956—2017 年的统计数据，乌梁素海东部流域年降水量的变差系数在 0.3 左右，极值比为 4。从年降水量的变化趋势来看，20 世纪 50 年代后期至 90 年代初期，降水量丰枯交替出现，变化显著，最丰期出现在 50 年代后期，最枯期出现在 60 年代中期，80 年代末至 90 年代初为丰水期，90 年代后期至今变化不明显，基本接近平水年份。

1.2.2.2 蒸发量

根据 1956—2017 年蒸发量的统计资料，乌梁素海东部流域多年平均水面蒸发量为 1350.9mm（E601 蒸发器），蒸发量由东向西递增，与降水量趋势相反，即降水大的地方蒸发小，降水小的地方蒸发大。

1. 水面蒸发量年内分配

水面蒸发量的年内变化受季节影响，随各月气温、湿度、风速变化。冬季（11 月至次年 2 月）寒冷，蒸发小，4 个月总蒸发量占全年蒸发量的 5%~10%；春秋两季（3—5 月，9—10 月）风大，气候干燥，蒸发较大，5 个月蒸发量占全年蒸发量的 50% 左右，夏季（6—8 月）气温高，蒸发量大，3 个月蒸发量占全年蒸发量的 40%~50%。由于春夏之交风大、气温高等多种原因，因此最大蒸发量出现在 5—6 月。

2. 水面蒸发量年际变化

区域水面蒸发量的多年变化主要受各种气候因素的影响，尤其是气温、降水的影响，同一地区，年际降水、气温、湿度变化大，则蒸发量变化也较大；相反，气候因素变化平缓，则水面蒸发年际变化也相对较小。1956—2017 年间，乌梁素海东部流域大佘太站最大年水面蒸发量 1590.3mm（1999 年），比多年平均值多 16.7%，最小年蒸发量 1218.8mm（1985 年），比多年平均值少 10.6%，极值比为 1.3。

1.2.3 社会经济状况

乌梁素海及其东部流域大部分行政区划隶属内蒙古巴彦淖尔市乌拉特前旗，总面积为 7476 km²，现辖 11 个苏木镇（其中 8 个农区镇，3 个牧区苏木镇），总人口 34.4 万人（城镇人口 11.7 万人、农牧区人口 22.7 万人）。乌拉特前旗地处河套平原东端，是绿色农作物种植基地及全国首屈一指的自流灌区，农畜产品资源丰富，是国家重要的粮、油、糖生产基地、工业原料基地和全国 300 个节水大县之一，该地区的经济类型是以工业为主、农牧业相结合、多方面共同发展的模式。2017 年全旗国民生产总值 114.5 亿元，农牧业生产继续保持良好态势，有效灌溉面积 15.6 万 hm²，粮食总产量达到了 500225 t，规模工业企业 52 家，工业总产值 104.5 亿元，城镇居民及农村牧区常住居民人均收入分别达到 27659 元和 15636 元，年均增长 7.6% 和 8.7%。乌拉特前旗旅游资源丰富，依托历史悠久的河套文化和乌拉特文化等的优势，旅游业正在成为该旗的新兴朝阳产业和具有生态、经济效益的黄金产业。

1.3 基于河湖关系的水文模拟与调控

乌梁素海为黄河改道形成的河迹湖，河湖关系主要表现为黄河经河套灌区对湖泊的补给作用，以及东部流域自北向南排列的摩楞河、贾拉格河、乌素图勒河、黑水壕河、黄土窑子河等对乌梁素海的洪水补给。

该流域河湖关系主要受地质地貌条件、人类活动、气候变化、流域来水来沙条件、湖泊演变等因素的共同影响，其中人类活动对河湖关系的影响极大，起到加速、延缓或者改变河湖水系连通的功能，甚至在特定条件下决定着河湖关系演变的过程。乌梁素海河湖关系研究实质上是人类活动及气候变化双重作用下河流与湖泊的"对话"。本书要回答的基本问题就是：①乌梁素海东部流域河湖关系的基本规律与特点；②乌梁素海东部流域不同时间尺度径流量变化的基本规律；③流域暴雨洪水或干旱对湖泊环境的影响。

由于乌梁素海东部流域径流模拟相关研究较少，且河湖补给关系尚不清晰，本书立足于河湖连通性理论，从流域水文与水资源角度出发，模拟不同时间尺度径流变化过程，揭示洪水与干旱对湖泊环境变迁的影响，凝练出基于河湖关系的湖泊治理方案，目的在于阐明东部流域河流对于乌梁素海环境演变的作用，继而从点到面，本着可持续发展的观点，为乌梁素海环境治理决策提供参考。然而，我们也认识到乌梁素海环境问题相对复杂，是一个动态演变的过程，在变化过程中，会不断出现新情况新问题，当然也会产生新认识。

参 考 文 献

[1] 吴险峰，刘昌明．流域水文模型研究的若干进展［J］．地理科学进展，2002，21（4）：341.

[2] 刘文强，张利，张建鑫，等．巴彦淖尔市乌梁素海治理思路［J］．内蒙古林业，2017（3）：16-17.

[3] 于瑞宏，刘廷玺，许有鹏，等．人类活动对乌梁素海湿地环境演变的影响分析［J］．湖泊科学，2007，19（4）：465-472.

[4] 朱超，于瑞宏，刘慧颖，等．基于DEM的乌梁素海东部流域河网信息提取［J］．水资源保护，2011，27（3）：75-79.

[5] 徐宗学，张楠．黄河流域近50年降水变化趋势分析［J］．地理研究，2006，25（1）：27-34.

[6] 曾燕．黄河流域实际蒸散发分布式模型研究［D］．北京：中国科学院，2004.

[7] 韩晓莉．湿地生态需水量研究——以乌梁素海为例［D］．北京：北京交通大学，2006.

第 2 章　基于 DEM 数据的
流域特征参数提取

数字高程模型（digital elevation model，简称 DEM）是描述地形表面的数字高程模型，它能为地物辨认和流域地形提供重要的原始资料，它包含着丰富的地貌、地形和水文信息，DEM 为 GIS 技术提供基础空间信息的数据支持，构建地形数据库，使其在数字地形分析应用中起到重大作用，同时也成为国家空间数据基础设施和地球空间框架数据的基本组成。DEM 数据可以多种方式表达地形信息，精度能够保持长久和恒定，在储存、更新和自动化处理方面更为便捷。

DEM 在水文信息中主要描述流域地形信息，包括子流域划分和边界的确定、河网的提取与识别、坡向和坡度的确定等，从而为分布式水文模拟提供下垫面参数。随着 DEM 提取流域特征提取技术地不断发展与完善，利用 DEM 进行流域水文特征的提取精度，尤其是地形起伏较大地区的提取精度将不断提高。此外，运用 DEM 提取流域水文信息在提高工作效率的前提下保证其精度尤为重要，这些在水资源管理和数字流域建设等方面具有非常重要的意义。

2.1　DEM 数据来源

获取 DEM 数据的方法主要包括 3 种：地形图数字化、野外实际测量以及航空摄影测量。考虑到野外实测、航空摄影测量等方法费用高、数据处理繁琐，而地形图成图年代早、比例尺大。因此，本研究选取免费获取的 SRTM（shuttle radar topography mission）数据作为 DEM 数据源。SRTM 由美国航空航天局（NASA）、美国国家图像测绘局（NIMA）以及德国与意大利航天机构共同合作完成，本研究采用的数据分辨率为 $1''$。

2.2　DEM 数据预处理

流域数字地形分析主要包括以下步骤：①栅格水流流向确定；②流域分水

线确定；③河网及子流域自动生成；④河道与子流域编码；⑤河段与子流域特性表生成；⑥流域地形参数提取。本研究中，流域数字地形分析流程如图 2.1 所示。

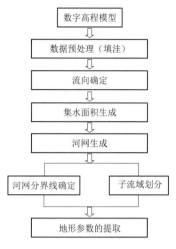

图 2.1 流域数字地形分析流程

2.2.1 DEM 洼地处理

洼地是高程小于相邻周边的点，其存在会导致水流出现逆流，从而给水流路径跟踪带来困难。在实际地表径流过程中，水往低处流，洼地填充后，水即会从洼地的最低处流出，因而，进行流域地形分析前，须对原始 DEM 进行洼地处理。填洼滤波法可以消除孤立、较浅的洼地，而保留较大的洼地，具体方法如下：

（1）搜索 DEM 矩阵确定洼地单元格。洼地单元格是指相邻 8 个单元格高程都不低于本单元高程的单元格。每当遇到洼地单元格，就进行如下处理：搜索以洼地单元格为中心的窗口，如果位于窗口内的单元格沿下坡和平坦区域能够到达洼地单元格，则标记之，否则不标记，重复该过程直到窗口内没有单元格能够被标记。所有被标记单元格组成的区域定义为洼地集水区域。

（2）从洼地集水区域中找出潜在出流点。潜在出流点至少拥有一个比其高程低的未被标记的相邻单元格，如果没有潜在出流点，或者存在高程低于最低潜在出流点的相邻洼地集水区域的边界单元格，那么窗口没有完全包括洼地区域，需要扩大窗口；重复上述过程，直至以上两种情况不存在。

（3）找到最低潜在出流点后，比较它和洼地单元格的高程。如果出流点高程高，那么洼地是一凹地，否则是一平坦区域。对于凹地，把洼地集水区域内所有高程低于出流点高程的单元格升高至出流点高程，这样凹地就成为可以确定流向的平坦区域。

通过洼地处理即可生成无洼地 DEM。在无洼地 DEM 中，自然流水可以畅通无阻地流至区域地形边缘。图 2.2 给出了乌梁素海东部流域填洼后的 DEM 影像。

2.2.2 水流方向确认

栅格单元的水流方向是指水流流出该单元格的方向。流向的确定是提取流域地貌特性的关键，它决定着地表径流路径及网格单元间流量的分配。河网、流域面积、分水线、汇水面积、各点到达流域出口的汇流时间都以各网格流向

图 2.2　填洼后的 DEM 影像

为基础。

为模拟地表径流在整个流域内的流动，需确定水流在每个栅格单元格内的流动方向。目前，水流方向的确定主要有 6 种方法：D8 法（或单流向法）、Rh08 法、多流向法、Aspect drive 法、DMON 法和 ERS 法。从技术应用角度而言，D8 算法成熟稳定、计算简单、效率较高并且对洼地和平坦区域具有较强的处理能力，因而应用最为广泛。本研究采用 D8 算法进行流向确认，对于 DEM 内某一栅格单元与其相邻的 8 个相邻单元格，为了唯一确定单元格的水流方向，分别为 8 个方向赋予不同的代码，每个网格有一个从 1 到 128 的数值（图 2.3）代表它流向相邻网格的方向。具体步骤如下：

（1）对于所有 DEM 边缘的网格，赋以指向边缘的方向值。

（2）对于在第（1）步中未赋方向值的网格，计算其对 8 个邻域网格距离落差值。距离落差是通过中心网格与邻域网格的高程差值除以网格间的距离得到。假设 h_i 和 h_j 为两个单元格的高程值，D 为两单元格中心之间的距离，两个相邻单元格 i 和 j 之间的坡度计算公式为：$\theta_i = \mathrm{arctg}\dfrac{h_i - h_j}{D}$。

（3）确定具有最大落差值的网格。如果最大落差值小于 0，则赋以负值，表明此网格方向未定（在无洼地 DEM 中不会出现）；如果最大落差值大于或等于 0，最大的只有 1 个，则将对应最大值的方向值作为中心网格的方向值；如果最大落差值大于 0，且有 1 个以上的最大值，则在逻辑上以查表方式确定水流方向，也就是说，如果中心网格单元在 1 条边上 3 个邻域点有相同的落差，则中间的网格方向被作为中心网格单元的水流方向；如果中心网格的相对边上有两个邻域网格落差相同，则可任选一网格方向作为水流方向。

（4）对没有赋予负值的网格，检查对中心网格有最大落差值的邻域网格。如果邻域网格的水流方向值为 1～128，则此网格的方向值作为指向中心网格的方向值。

（5）重复第（4）步，直至所有网格均被赋予方向值；对方向值不为 1～9

的网格，赋以负值（这种情况是针对洼地的算法）。

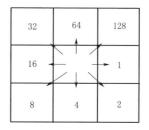

图 2.3　水流方向确认

需要说明的是，方向编码可以采用不同的方式，但对于同一 DEM，最后确定的流向结果是相同的。由降雨所形成的地表径流总是由高处向低处流动，又总是沿着坡度最大的方向流动，这种水流方向的规律，正是在该算法中采用的确定水流方向的依据。上述确定依据，意味着处于或达到单元格中心的水流方向上的坡度值，应是该单元格的最佳代表值。

本研究采用 D8 算法得到乌梁素海流域单元格流向分布，如图 2.4 所示。

图 2.4　研究流域单元格流向分布

2.2.3　流域水系提取

1. 水流累积矩阵计算

水流累积矩阵表示区域地形每点流水累积量的空间分布，它可以用区域地形曲面的流水模拟方法得到，而流水模拟又可以用区域 DEM 的水流方向矩阵来表示。其基本思想是：以规则网格表示的数字地面高程模型每点处有一个单位的水量，按照水从高处流向低处的自然规律，根据区域地形的水流方向矩阵计算每点所流过的水量数值，从而可以得到该区域水流累积数字矩阵。在此过程中实际上使用了权值为 1 的权矩阵，特殊情况下（如降雨不均匀的情况），可以考虑使用特殊的权矩阵，以更精确计算水流累积值。计算水流累积矩阵的方法步骤如下：

（1）给每个网格的水流累积值赋初值 0。

（2）将有箭头指向网格的水流累积值加上 1。

（3）水流累积值没有变化的网格，不进入下一循环的操作，重复步骤（2）。

（4）得到整个流域的水流累积矩阵。如果是只有唯一出口的封闭流域，流域出口的水流累积值应该是网格个数减 1。研究流域汇流累积面积图如 2.5 所示。

图 2.5　流域汇流累积面积

2. 汇水面积阈值与河网提取的关系

上游汇水面积是指流入某网格单元的水流流经的所有面积之和。每个单元的汇水面积为该单元的汇流累积单元总数乘以单元面积。只有上游汇水面积达到某一阈值，才能形成河网。因此，在提取河网时，首先要确定一个网格是不是河道的一部分。给定一个汇水面积阈值，凡是汇水面积大于该阈值的网格，均为河网内的网格，将这些网格连接起来，就形成了流域河网。值得注意的是，不同方法提取河网时，选取不同的汇水面积阈值，将得到不同的河网，具有很大的随意性，而且随着汇水面积阈值的变化，生成的河网密度及流域级数、各级河流的长度都随之发生了较大的变化。因此，对于一个流域来讲，合适的汇水面积阈值选择至关重要。

对于某一固定流域，建立河网网链坡度与其汇水面积间的相关关系，可以得到一个尺度指数值，随着汇水面积阈值的增大，尺度指数趋于一个稳定值，该值出现时所对应的汇水面积可用于河网提取。利用面积阈值来反映影响河网发育的诸因子（如地形、地貌、地质、土壤及植被）间的复杂关系，在流域下垫面均匀的流域可以得到较合理的模拟河网，但在下垫面比较复杂的流域，不能用单一的汇水面积阈值，可以根据不同的区域特征选取不同的面积阈值。

按照不同集水面积阈值（25 km²、15 km²、10 km²、5 km²、2 km²、1

km²）提取的研究流域数字河网示于图 2.6 中，本研究选择 15 km² 作为确定河道的阈值。

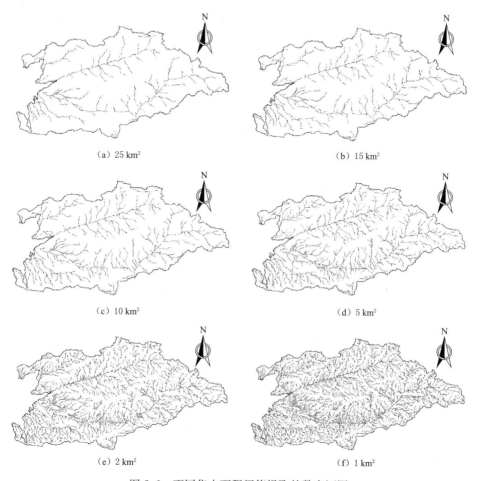

（a）25 km²   （b）15 km²

（c）10 km²   （d）5 km²

（e）2 km²   （f）1 km²

图 2.6   不同集水面积阈值提取的数字河网

2.2.4   流域界限（分水线）的确定及子流域的划分

1. 流域界限确定

当流域的排水网络生成以后，就可以确定整个流域的界限。流域界限的确定可以帮助我们明确具体的研究范围，对研究范围内的区域进行分析以便提取流域水文模型所需要的相关参数。确定流域界限必须先要确定整个流域的出口。首先从流域的出口沿河道向上游搜索每一条河道的集水区范围，搜索到的所有栅格所占区域的边界即为流域的界限（分水线）。

2. 子流域的划分

在划分子流域时，首先要确定子流域的出口位置。可以利用两种方法：① 如果子流域出口点的地理坐标已知，可以手工添加子流域的流域出口，子流域的范围就是汇聚于该点的上游所有栅格单元所占的区域；② 如果不知道子流域的出口位置，可以以两个河道的交汇点作为出口，分别沿上游搜索集水区域，最后，得到的子流域划分情况。本次研究流域子流域划分采用 HEC-GEOHMS 生成，其结果如图 2.7 所示，图中标出了该次产流研究的主要子流域。

图 2.7　乌梁素海东部流域子流域划分及主要研究流域

参 考 文 献

［1］　王光生，程琳，刘汉臣 . 分布式流域水文模型的 DEM 数据处理 ［J］. 水文，2012，32（1）：55-59.

［2］　马慧慧 . DEM 数据在流域水文分析与模拟中的尺度效应研究 ［D］. 焦作：河南理工大学，2017.

［3］　O'Callaghan J F，Mark D M . The Extraction of Drainage Networks From Digital Elevation Data ［J］. Computer Vision Graphics and Image Processing，1984，27（3）：323-344.

［4］　靳晓辉，何俊仕，董克宝 . 基于 DEM 的西辽河流域河网水系提取研究 ［J］. 节水灌溉，2014（10）：43-45.

［5］　任岩，张飞，王娟，等 . 不同 DEM 数据源的艾比湖流域仿真水系对比 ［J］. 测绘科学，2018，43（3）：35-44，57.

［6］　唐从国，刘丛强 . 基于 SRTM DEM 数据的清水江流域地表水文模拟 ［J］. 辽宁工程技术大学学报（自然科学版），2009，28（4）：652-655.

第3章 基于 SWAT 模型的流域年径流模拟

3.1 SWAT 模型参数提取及数据库构建

3.1.1 SWAT 模型原理

SWAT（soil and water assessment tool，水土评价工具）模型是由美国农业部开发的基于长时间序列的分布式模型。最初用于模拟和预测不同土地利用、土壤类型和管理条件下大流域土地管理措施对径流、泥沙以及物质迁移的影响。经过多次修订与性能扩展，SWAT 模型的功能日益完善。

SWAT 水文建模过程主要包括：①子流域的水流、泥沙以及其他污染物等生源物质向河道的输送过程；②河网中水流、泥沙等物质向流域出口的输移过程。水量平衡是 SWAT 模型建立的基本原理，模型中水量平衡方程表示为

$$SW_t = SW_0 + \sum_{i=1}^{t} (R_{day} - Q_{surf} - E_a - W_{seep} - Q_{gw}) \tag{3.1}$$

式中：SW_t 为土壤最终含水量，mm；SW_0 为土壤最初含水量，mm；t 为时间步长，d；R_{day} 为第 i 天降水量，mm；Q_{surf} 为第 i 天的地表径流量，mm；E_a 为第 i 天的蒸发量，mm；W_{seep} 为第 i 天土壤剖面的渗透量和侧流量，mm；Q_{gw} 为第 i 天地下水含量，mm。

SWAT 水文模拟过程模块结构如图 3.1 所示。

3.1.2 SWAT 模型参数计算

基于 SWAT 模型水量平衡方程，结合乌梁素海东部流域水文气象特征，选取适宜方法确定模型中需要输入参数。

1. 地表径流

由于本研究流域水文资料中缺乏描述降水过程的数据，因此选取经验模型——SCS 曲线数法——计算地表径流，分析土壤和土地利用对下垫面径流的

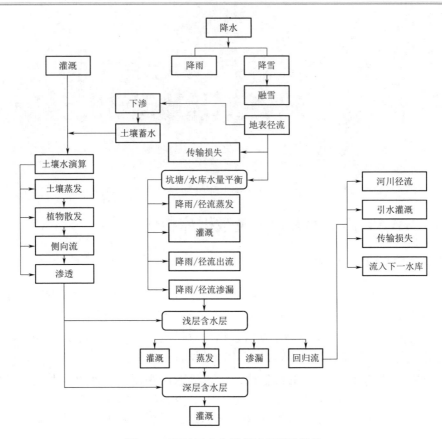

图 3.1 SWAT 水文模拟过程模块结构

影响。SCS 曲线数法公式如下:

$$Q_{surf} = \frac{(R_{day} - I_a)^2}{R_{day} - I_a + S} \qquad (3.2)$$

式中:Q_{surf} 为净雨量或累积径流量,mm;R_{day} 为第 i 天的降水量,mm;I_a 为出损量,包括地表储水、截留和产流前的下渗,mm;S 为持蓄参数,该系数随土壤、土地覆被、农业管理等空间变化表现出空间差异性,mm。

持蓄参数定义如下:

$$S = \frac{25400}{CN} - 254 \qquad (3.3)$$

式中:CN 为径流曲线系数,通常取值 30~100,无量纲,作为一个综合指标,CN 为土壤前期含水量、土壤质地、地形坡度、土地利用/覆被状况的函数。CN 值越大表明越易产生径流。

$$Q_{swf} = \frac{(R_{day} - 0.2S)^2}{R_{day} + 0.8S} \qquad (3.4)$$

在一般情况下，将出损量表示为 $I_a = 0.2S$，则式（3.2）变为式（3.4）。

2. 蒸散发量

蒸散发通常包括植物冠层蒸散发、土壤蒸散发以及积雪升华等过程，其是流域水量损失的主要途径，也是研究下垫面变化对径流影响的重要组成部分。SWAT 模型中潜在蒸散发量的计算方法包括 Penman-Monteith、Priestley-Taylor 和 Hargreaves 等 3 种。本研究选择 Penman-Monteith 法计算潜在蒸发量，公式如下：

$$\lambda E = \frac{\Delta(H_{net} - G) + \rho_{air} c_p (e_z^0 - e_z) / r_a}{\Delta + \gamma(1 + r_c / r_a)} \tag{3.5}$$

式中：λE 为潜热通量密度，$MJ/(m^2 \cdot d)$；Δ 为饱和水汽压-温度之间的关系曲线斜率，$kPa/℃$；H_{net} 为净辐射量，$MJ/(m^2 \cdot d)$；G 为热量通量密度，$MJ/(m^2 \cdot d)$；ρ_{air} 为空气密度，kg/m^3；c_p 为恒压下特定的热量，$MJ/(kg \cdot ℃)$；e_z^0 为高度 z 处的饱和水汽压，kPa；e_z 为高度 z 处的水汽压，kPa；γ 为湿度计算常数，$kPa/℃$；r_a、r_c 为阻抗，s/m。

Priestley-Taylor 法需要太阳辐射、相对湿度和气温数据，其公式给出了对流层底部的潜在蒸散发计算，公式如下：

$$\lambda E_0 = \alpha_{pet} \frac{\Delta}{\Delta + \gamma} (H_{net} - G) \tag{3.6}$$

式中：λ 为潜发潜热，MJ/kg；E_0 为潜在的蒸发量，mm/d；H_{net} 为净辐射，$MJ/(m^2 \cdot d)$；G 为热量通量密度，$MJ/(m^2 \cdot d)$；α_{pet} 为系数，取 1.28；γ 为湿度计算常数，$kPa/℃$；Δ 为饱和水汽压-温度之间的关系曲线斜率，即 de/dT，$kPa/℃$。

3. 土壤水量

壤中流易发生在土壤传导率较高且不透水或半透水层距地表较浅处的区域，是地表与上层滞水面间的水流。模型假定土壤层含水量超过田间持水量时产生壤中流，基于动力存储模型的壤中流计算公式为

$$Q_{lat} = 0.024 \frac{2S W_{ly, excess} K_{sat} s_{slope}}{\varphi_d L_{hill}} \tag{3.7}$$

式中：Q_{lat} 为出口处的壤中流，mm；K_{sat} 为土壤饱和传导率，mm/h；$SW_{ly, excess}$ 为流出土壤饱和带的水量，mm；s_{slope} 为坡度；L_{hill} 为坡长，m；φ_d 为土壤可排泄孔隙率。

土壤可排泄孔隙率由下式计算可得

$$\varphi_d = \varphi_{soil} - \varphi_{fc} \tag{3.8}$$

式中：φ_{soil} 为土壤孔隙率；φ_{fc} 为土壤水分达到田间持水量时的孔隙度。

4. 地下水量

地下水分为潜水和承压水，潜水主要是汇入主河道中；而承压水假使为汇

入流域外。其中潜水的含水层水量平衡的方程为

$$aq_{sh,i} = aq_{sh,i-1} + w_{rchrg,i} - Q_{gw} - w_{seep} - w_{pump,sk} \qquad (3.9)$$

式中：$aq_{sh,i}$ 为某天潜水的水量，mm；$aq_{sh,i-1}$ 为前一天潜水的水量，mm；$w_{rchrg,i}$ 为某天潜水含水层得到的补给量，mm；Q_{gw} 为某天汇到主河道的地下水的基流量，mm；w_{seep} 为某天因为土壤水不足进入的水量，mm；$w_{pump,sk}$ 为某天潜水含水层抽水量。

承压含水层的水量平衡方程为

$$aq_{dp,i} = aq_{dp,i-1} + w_{deep} - w_{pump,dp} \qquad (3.10)$$

式中：w_{deep} 为第 i 天潜水含水层进入承压含水层水量，mm；$aq_{dp,i}$、$aq_{dp,i-1}$ 分别为第 i 天和第 $i-1$ 天承压含水层储水量，mm；$w_{pump,dp}$ 为第 i 天承压含水层抽水量，mm。

3.1.3　数据库构建

3.1.3.1　土壤数据

SWAT 中所需土壤数据包括土壤空间数据及土壤属性数据。土壤属性数据，即土壤分类，使用查询表获取，需在 AVSWAT 中建好土壤数据库连接，同时储存自定义土壤类型。土壤中水汽运动决定于物理属性（主要包括土层厚度、砂石等），其对水文响应单元中水文模拟有重要影响；而土壤化学属性通常使用模型默认值。

表 3.1、表 3.2 分别给出了模型中土壤物理属性输入文件及化学属性输入文件中的变量名称及含义。

表 3.1　　　　　　　　　　SWAT 模型中土壤物理属性输入文件

变 量 名 称	模 型 定 义
TITLE/TEXT	位于 .sol 文件第一行，来说明文件
SNAM	土壤名称
HYDGRP	土壤水文学分组
SOL-ZMX	土壤剖面最大根系深度
ANION-EXCL	阴离子交换孔隙度，模型的默认值设为 0.5
SOL-CRK	土壤最大可压缩量，可选
TEXTURE	土壤层的结构
SOL-Z（layer#）	土壤表层和土壤底层之间的深度

变 量 名 称	模 型 定 义
SOL-BD（layer＃）	土壤湿密度
SOL-AWC（layer＃）	土层可利用有效水
SOL-K（layer＃）	饱和水力传导系数
SOL-CBN（layer＃）	有机碳含量
CLAY（layer＃）	黏土（直径＜0.002 mm 的土壤颗粒组成）
SILT（layer＃）	壤土（直径在 0.002～0.05 mm 之间的土壤颗粒组成）
SAND（layer＃）	沙土（直径在 0.05～2.0 mm 之间的土壤颗粒组成）
ROCK（layer＃）	砾石（直径＞2.0 mm 土壤颗粒组成）
SOL-ALB（layer＃）	地表反射率
USLE-K（layer＃）	土壤侵蚀力因子
SOL-EC（layer＃）	电导率

表 3.2　　　　　　　　　SWAT 模型中土壤化学属性输入文件

变 量 名 称	模 型 定 义
TITLE	位于 .chm 文件第一行，说明文件
NUTRIENT TITLE	用于说明营养元素数据，可以是空白
SOIL LAYER	土壤层数
SOL-NO$_3$（layer＃）	土壤中硝酸根离子的起始浓度，可选
SOL-ORGN（layer＃）	土壤中有机氮起始浓度，可选
SOL-SOLP（layer＃）	土壤中可溶解态磷的起始浓度，可选

本研究土壤数据源自 FAO 数据库，表 3.3 为经过土壤属性转化后的不同土壤类型在 SWAT 中的代码。

表 3.3　　　　　　　　　土壤类型在 SWAT 中代码

土壤类型	SWAT 中模型代码	土壤类型	SWAT 中模型代码
粗骨土	SHYGZCGJ	风沙土	CDFST
褐土	HZHJ		

3.1.3.2　气象水文数据库

SWAT 天气发生器中需要 168 个参数，包括月均最高最低气温、最高最低气温标准偏差、月均降水量等，其中缺失的气象数据通过气象发生器生成。本研究收集了流域内 1986—2010 年时间段内 7 个雨量站和广生隆水文站逐日降水及逐日径流量资料，同时选用该水文站径流实测资料，用于校准验证。

3.2　基于 SWAT 模型的乌梁素海东部流域径流模拟

3.2.1　水系提取及子流域划分

广生隆流域的水系提取及子流域划分结果见图 3.2，共划分为 19 个子流域。

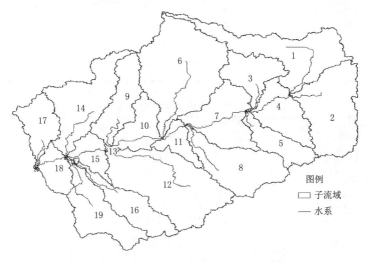

图 3.2　广生隆流域水系提取

SWAT 中 HRU 划分前，需对土地利用、土壤等数据进行重分类及叠加。土地利用重分类结果如图 3.3 所示，土壤重分类结果如图 3.4 所示。

3.2.2　水文响应单元划分

水文响应单元 HRU 是 SWAT 模型基于子流域划分出的进行水文分析的最小单元，本研究 HRU 划分采用 Multiple HRUs 法，该法基于子流域土地利用和土壤类型的差异对流域进行划分。Multiple HRUs 法计算量较大，为方便计算，需设置面积阈值，阈值以下斑块面积将合并到其他斑块中。

本研究中土地利用、土壤的面积阈值均设置为 10%，将广生隆流域最终划分为 121 个水文响应单元。

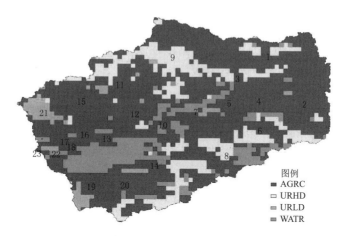

图 3.3　土地利用重分类图

图例
■ AGRC
□ URHD
▨ URLD
▤ WATR

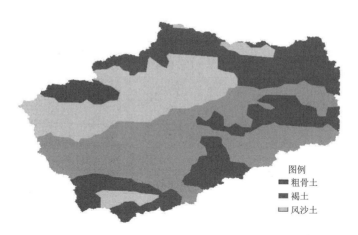

图 3.4　土壤重分类图

图例
■ 粗骨土
■ 褐土
□ 风沙土

3.2.3　敏感性分析

　　径流模拟涉及大量参数，尽管 SWAT 模型自带数据库可将很多参数设置为默认值，但其难以准确反映研究区实际情况，因此需通过敏感性分析遴选敏感性参数，以有效提高模拟效率。

　　本研究敏感性分析采用 LH-OAT 方法，该法可分解为 LH 采样法和 OAT 敏感性分析。LH 采样与分层抽样类似，先将每个参数空间等分 N 个空间，则任意取值空间的概率为 $1/N$，在任意取值空间内仅一次抽样情况下进行随机抽样，最后将随机组合的参数进行多元线性回归分析；OAT 敏感性分析是基于模型每模拟一次只有一个参数产生变动来获得该参数对结果的贡献率，这样就可将模拟效果的改变明确归因到特定参数的改变。该此法能确保各参数均被采样，可减少调参工作量，并提高效率。依据上述方法，本研究遴选出了广生隆流域SWAT径流模拟的敏感性参数，见表3.4。

表3.4　　　　　　　　　　敏感性分析参数排序

排　序	敏感性参数	代　码
1	SCS径流曲线系数	Cn2
2	深蓄水参透系数	Rchrg_Dp
3	土壤蒸发调节系数	Esco
4	地下水退水系数	Alpha_Bf
5	浅层地下水再蒸发系数	Revapmin
6	浅层地下水径流系数	Gwqmn
7	土壤表层到土壤底层的深度	Sol_Z
8	土壤最大含水量	Sol_Awc
9	河道有效水力传导系数	Ch_K2
10	最大潜在叶面积指数	Blai
11	最大冠层蓄水量	Canmx
12	坡度	Slope
13	饱和水利传导系数	Sol_K
14	主河道曼宁系数值	Ch_N
15	地表径流滞后时间	Surlag
16	地下水再蒸发系数	Gw_Revap
17	植物蒸腾补偿系数	Epco
18	地下水汇流时间	Gw_Delay
19	地表反射率（湿）	Sol_Alb
20	结冰气温滞后系数	Timp

3.2.4　流域水文模拟及其适用性评价

本研究选择表3.4中前8项作为主要敏感性参数，1989—1998年的数据用于模型校准，1999—2010年的数据用于模型验证。模型参数校准结果如表3.5所列。

表 3.5   **SWAT 模型参数校准结果**

参　　数	参数变化范围	参数终值范围
Cn2	0～100	16～72
Rchrg _ Dp	0～1	0.52
Esco	0～1	0.48
Alpha _ Bf	0～1	0.03
Revapmin	0.02～0.2	0.02
Gwqmn	0～5000	1240.00
Sol _ Z	−0.25～0.25	0.24
Sol _ Awc	0～1	0.25

模型验证用来评价 SWAT 在乌梁素海东部流域应用的可靠性，本研究选取相对误差 Re、决定系数 R^2 以及 Nash‐Suttcliffe 系数 E_{ns} 这 3 个指标来评价模型在乌梁素海东部流域的适用性。相关指标计算公式如下：

$$Re = \frac{Q_{模拟} - Q_{实测}}{Q_{实测}} \tag{3.11}$$

式中：Re 为相对误差；$Q_{模拟}$ 为模拟径流量；$Q_{实测}$ 为实测径流量。

Re 接近于 0，模拟值与实测值之间的差别小，$Re < 0$，模拟结果比实测结果小，若 $Re > 0$，则模拟结果较实测结果大。为确保模型模拟结果的可用性对误差的绝对值要小于 30。

$$R^2 = \frac{\left[\sum\limits_{i=1}^{n}(Q_{实测} - \overline{Q}_{实测})(Q_{模拟} - \overline{Q}_{模拟})\right]^2}{\sum\limits_{i=1}^{n}(Q_{实测} - \overline{Q}_{实测})^2 \sum\limits_{i=1}^{n}(Q_{模拟} - \overline{Q}_{模拟})^2} \tag{3.12}$$

式中：R^2 为决定系数；$Q_{实测}$ 为实测径流量；$Q_{模拟}$ 为模拟径流量；$\overline{Q}_{实测}$ 为平均实测径流量；$\overline{Q}_{模拟}$ 为平均模拟径流量；n 为观测系数。

$R^2 \leqslant 1$，R^2 越接近于 1，模拟值与观测值越接近。为确保模型模拟结果的可用性拟合度要在 0.64 以上。

$$E_{ns} = 1 - \frac{\sum\limits_{i=1}^{n}(Q_{实测} - Q_{模拟})^2}{\sum\limits_{i=1}^{n}(Q_{实测} - \overline{Q}_{实测})^2} \tag{3.13}$$

式中：E_{ns} 为 Nash‐Suttcliffe 系数；$Q_{实测}$ 为实测径流量；$Q_{模拟}$ 为模拟径流量；$\overline{Q}_{实测}$ 为平均实测径流量；n 为观测系数。

　　$E_{ns}<1$ 时，E_{ns} 越接近 1，则模拟结果与实测结果越相近，拟合程度越好，模拟效率越高；若 $E_{ns}<0$，则表示模拟值与实际测量结果相差太远，模拟结果不可靠；当 $E_{ns}>0.54$ 时表示模拟结果在可接受范围内，当 $0.54<E_{ns}<0.65$ 时模型模拟结果比较好，当 $E_{ns}>0.65$ 时说明模型拟合度特别好。为确保模型模拟结果的可用性 $E_{ns}>0.54$。

　　当满足误差绝对值在 15% 以内、$R^2 \geqslant 0.6$、$E_{ns} \geqslant 0.5$ 时，则表明该模型在乌梁素海东部流域适用。模型校准期结果见图 3.5，验证期结果见图 3.6。

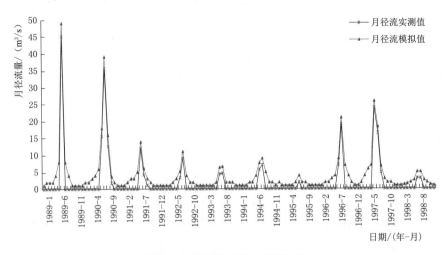

图 3.5　校准期月径流模拟结果

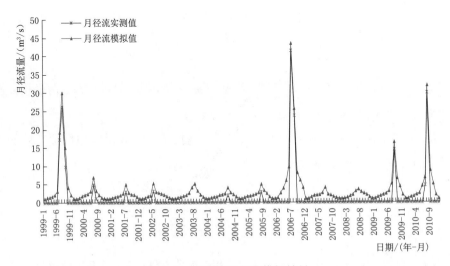

图 3.6　验证期月径流模拟结果

由图 3.5 可知,模拟和实测值较为一致,校准期的 Nash-Suttcliffe 系数 E_{ns} 为 0.65,R^2 为 0.69,相对误差为 9%,各项误差评价指标均能满足要求。

校准完成后,采用 1999—2010 年的数据进行模型验证,结果见图 3.6,验证期内的相对误差为 12%,E_{ns} 为 0.63,R^2 为 0.67,表明模拟结果在验证期内亦符合要求。

由以上结果不难看出,模拟结果与实测结果比较吻合,SWAT 模型在广生隆流域的降雨径流模拟中获得较好的效果,其在研究区域是适用的。

在本次研究中,SWAT 模型中部分重要参数的率定效果较好,然而,模型参数对模拟结果的影响十分复杂,不同的参数组合也有可能获取基本相同的径流过程,这给模型的实际应用带来了很大的不确定性,因此有必要在今后的研究中进行更为深入的探讨。

参 考 文 献

[1] 赖格英,吴敦银. SWAT 模型的开发与应用进展 [J]. 河海大学学报(自然科学版),2012,40(3):243-251.

[2] MUTTIAH R S, ARNOLD J G, SRINIVASAN R, et al. Large area hydrologic modeling and assessment part (I): model development [J]. Journal of American Water Resources Association, 1998, 34: 73-89.

[3] 白江涛. SWAT 模型在宝鸡峡灌区的改进的及应用 [D]. 西安:陕西师范大学,2012.

[4] 余文君. SWAT 模型在黑河山区流域的改进与应用 [D]. 南京:南京师范大学,2012.

[5] 张秋玲. 基于 SWAT 模型的平原区农业非点源污染模拟研究 [D]. 杭州:浙江大学,2010.

[6] 黄清华. GIS 支持下的 SWAT 水文模型在黑河山区的适应性研究 [D]. 南京:南京大学,2001.

第 4 章 乌梁素海东部流域
HEC-HMS 数值模拟

4.1 HEC-HMS 水文模型模块

HEC-HMS 水文模型包含降雨损失、直接径流、基流和河道汇流等计算模块（表 4.1），每个模块均有适用于不同条件的多种计算方法，通过优选组合，可建立适于特定流域的水文模型，并使流域径流模拟达到最佳效果。

表 4.1　　　　　　　　　HEC-HMS 模型产汇流计算模块

降雨损失计算模块 （产流计算）	直接径流计算模块 （汇流计算）	基流计算模块	河道汇流计算模块 （河道洪水演算）
SCS 曲数法 (SCS curve number)	经验单位线法 (User-specified unit hydrograph)	月恒定流法 (Constant monthly)	运动波法 (Kinematic wave)
土壤湿度法 (Soil moisture accounting)	Clark 单位线法 (Clark's unit hydrograph)	退水曲线法 (Exponential recession)	滞后演算法 (Lag)
格林-安普特法 (Green and Ampt)	Snyder 单位线法 (Snyder's unit hydrograph)	线性水库法 (Linear reservoir)	马斯京根法 (Muskingum)
初损稳渗法 (Initial and constant rate)	SCS 单位线法 (SCS unit hydrograph)		改进的 Puls (Modified Puls)
盈亏常数法 (Deficit and constant rate)	ModClark 单位线法 (ModClark unit hydrograph)		Muskingum-Cunge 法
栅格土壤湿度法 (Gridded SMA)	运动波法 (Kinematicwave)		
栅格 SCS 法 (Gridded SCS CN)			

4.1.1　降水损失计算模块

降水损失计算模块属于模型的产流部分，主要包括 SCS 曲线法、初损稳渗法、Green-Ampt 法、SMA 法、盈亏常数法、栅格 SMA 和栅格 SCS 法等。SCS 法是通过经验关系计算各子流域产流，参数相对较少；初损稳渗法仅需初损值、稳渗率和不可渗透率 3 个参数；栅格法和 SMA 法则需要大量参数，计算过程较为复杂。

4.1.1.1　SCS 曲数法

流域累计净雨深是与累计雨量、初损以及前期土壤持水量有关的函数，可表示为

$$P_t = (P - I_a)^2/(P - I_a + S) \tag{4.1}$$

式中：P_t 为 t 时刻对应的累计净雨，mm；P 为 t 时刻对应的累计降雨，mm；I_a 为初始缺水量，mm；S 为土壤最大持水量，mm。

当累计雨量未达到初始缺水量前，研究区不会产生径流。

I_a 与 S 的经验方程式为

$$I_a = 0.2S \tag{4.2}$$

代入式（4.1），累计净雨计算公式为

$$P_t = (P - 0.2S)^2/(P + 0.8S) \tag{4.3}$$

每一时段的净雨量等于时段始末累计净雨的差值，土壤最大持水量与参数 CN 关系为

$$S = (25400 - 254CN)/CN（国际单位制） \tag{4.4}$$

4.1.1.2　土壤湿度法（SMA 法）

SMA 法主要确定的是降雨、径流、持有和缺损间的相互作用关系，依据的是降雨落入土壤的深度以及蒸发率。该方法是将研究区划分为 5 个储水层，如图 4.1 所示，分别为林冠截留层、洼地蓄水层、表层土壤蓄水层、地下蓄水 1 层和地下蓄水 2 层。如果知道每一层的最大蓄水能力、初始储水百分比和最大入渗率，就可以模拟水流在不同土层中的运动。SMA 算法既可以用于长时段的径流模拟，同时也可用于短段时段的洪水径流的模拟，但其需要大量的参数，因此不适合于资料缺乏及水文雨量站点偏少地区。

4.1.1.3　格林-安普特法（Green-Ampt 法）

该法假定在降雨入渗过程中土壤中存在一个水平湿润锋，其将湿润与未湿润区分开来，根据达西定律可求出土壤入渗率，即时段 t 内的降雨损失量：

$$f_t = K\left[1 + (\Phi - \theta_i)S_t/F_t\right] \tag{4.5}$$

式中：f_t 为时段 t 中的降雨损失，mm；K 为饱和水力传导度，cm/s；F_t 为 t 时刻累积损失量，mm；Φ 为土壤饱和含水量；θ_i 为土壤前期含水量；$(\Phi - \theta_i)$ 为湿润土壤的厚度，cm；S_t 为湿润锋面吸力，mm。

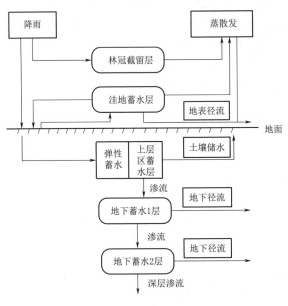

图 4.1　SMA 法原理

4.1.1.4　初损稳渗法

该法假定 f_c 为一场降雨中的最大潜在降雨损失，净雨 P_{et} 的计算公式为

当 $\sum P_i < I_a$ 时：

$$P_{et} = 0$$

当 $\sum P_i > I_a$，$P_t > f_c$ 时：

$$P_{et} = P_t - f_c \qquad (4.6)$$

当 $\sum P_i < I_a$，$P_t < f_c$ 时：

$$P_{et} = 0$$

式中：P_i 为累计降雨，mm；I_a 为初始损失，mm，表示形成地表径流前的截留和填洼持水量，取决于流域的地形、土地利用类型、土壤类型等条件；P_t 为时段 t 到 $t + \Delta t$ 内的平均面雨深，mm；f_c 为土壤最大入渗能力，需要进行率定。

4.1.2　直接径流计算模块

4.1.2.1　Snyder 单位线法

Snyder 单位线法依据滞留时间 t_p、峰值系数 C_P 来描述降雨径流过程，设

降雨时间为 t_r ，则流域滞时 t_p 表示为

$$t_p = 5.5 \, t_r \tag{4.7}$$

单位线洪峰滞留时间与降雨时间的关系为

$$t_{pR} = t_p - \frac{t_r - t_R}{4} \tag{4.8}$$

式中：t_{pR} 为理想单位线洪峰滞留时间；t_R 为理想降雨时间。

$$\frac{U_P}{A} = C \frac{C_P}{t_P} \tag{4.9}$$

式中：U_P 为标准单位线峰值；A 为流域面积；C_P 为流域单位线峰值系数；C 为常数。

4.1.2.2 Clark 单位线法

1945 年 Clark 率先提出瞬时单位线，不仅可应用于形状不规则流域，还能应用于具有多个不同地理地貌的流域，如高原、山谷。Clark 单位线假定流域出口断面的流量过程线主要受水量平移与调蓄效应的影响，其中平移计算时，时面曲线是计算的关键，既可以通过流域地形图作图，也可用以下简化公式作时面曲线：

$$AI = 1.414 \, T^{1.5} \qquad 0 \leqslant T \leqslant 0.5 \tag{4.10}$$

$$1 - AI = 1.414 \, (1 - T)^{1.5} \qquad 0.5 < T \leqslant 1 \tag{4.11}$$

式中：$AI = A_t/A_{TOT}$ ；$T = t/T_C$ ；A_{TOT} 为流域总面积；A_t 为流域历时 t 对应的流域面积；T_C 为流域汇流时间。

根据上式，得出：

$$A_0 = c, A_\Delta, \cdots, A_{n\Delta} = A_{TOT} \tag{4.12}$$

紧邻两项作差，即可得到时面曲线。

时面曲线 A-t 求出后，可由净雨与时面曲线卷积求得平移后流量过程线 $I(t)$-t 。公式如下：

$$I_i = \sum_{j=1}^{i} R_j A_{i=1-j} \tag{4.13}$$

式中：I_i、R_j 分别为 i 时段的平移后的流量和净雨。

平移后，对 $I(t)$-t 进行调蓄，便可推出流域出口断面的地面径流过程 $Q'(t)$-t ，公式如下：

$$Q'(i) = CA I(i) + CB \, Q'(i-1) \tag{4.14}$$

$$CA = \Delta t / (R + 0.5\Delta t) \tag{4.15}$$

$$CB = 1 - CA \tag{4.16}$$

式中：$Q'(i)$ 为第 i 时段末的流量；$Q'(i-1)$ 为第 i 时段初的流量；Δt 为计算时段；R 为流域调蓄参数。

4.1.2.3　SCS 单位线

SCS 单位线为单峰值单位线，其主要基于大量降雨和径流观测数据获得，方法所需参数少（如单位线滞时），适用性较好，在国内外广泛应用。单位线洪峰流量采用下述经验方程求得

$$U_p = C(AQ/T_p) \tag{4.17}$$

$$T_p = 2/3\ T_{\text{lag}} \tag{4.18}$$

$$T_{\text{lag}} = \frac{L^{0.8}\ (S+25.4)^{0.7}}{7069\ Y^{0.5}} \tag{4.19}$$

式中：A 为流域面积，km^2；Q 为单位净雨量，25.4mm；C 为转换系数，$C=0.208$；T_p 为峰现时间；T_{lag} 为流域滞时；L 为自分水岭沿主河槽的水流长度；S 为流域降雨大损失量；Y 为流域平均坡度。

4.1.2.4　运动波法

该方法考虑了径流三维水流运动模式，包括垂直入渗、饱和侧方渗透流和地表流。径流计算是将流域概化为明渠，通过求解河道中的非恒定浅层水流方程实现。运动波表达式为

$$\begin{cases} \dfrac{\partial h}{\partial t} + \dfrac{\partial q}{\partial x} = i_e(t) \\[2mm] q = \dfrac{1}{n} S_0^{1/2}\ h^{5/3} \end{cases} \tag{4.20}$$

式中：h 为坡面水深，m；t 为降雨时间，s；q 为坡面单宽流量，m^2/s；x 为距坡顶距离，m；$i_e(t)$ 为坡面上距离坡顶 xm 处在 t 时刻的单宽净雨量，mm；S_0 为坡面坡度；n 为曼宁粗糙系数。

4.1.3　基流计算模块

HEC-HMS 模型的基流模块包括月恒定流法、指数衰减法、线性水库法 3 种基流计算方法。月恒定流法是假设每月基流量是一常数，基流量和直接径流量之和为总径流量；退水曲线法则是假设某时刻的基流量与初始基流量之间呈指数关系，二者构成一个衰减指数函数；线性水库法则是假设地下水含水层中的出水量与其出流量呈线性关系，常与土壤湿度法相结合运用。

4.1.4　河道汇流计算模块

河道汇流演算包括运动波法、滞后演算法、改进的 Plus 法、马斯京根法和 Muskingum-Cunge 法。本研究采用马斯京根法，该法具有较好的普适性，且参数较少，便于率定。根据水量平衡方程和马斯京根槽蓄曲线方程，可得出马斯

京根汇流方程：

$$O_2 = C_0 I_2 + C_1 I_1 + C_2 O_1 \tag{4.21}$$

$$C_0 = \frac{0.5\Delta t - Kx}{K - Kx + 0.5\Delta t} \tag{4.22}$$

$$C_1 = \frac{0.5\Delta t + Kx}{K - Kx + 0.5\Delta t} \tag{4.23}$$

$$C_2 = \frac{K - Kx - 0.5\Delta t}{K - Kx + 0.5\Delta t} \tag{4.24}$$

$$C_0 + C_1 + C_2 = 1 \tag{4.25}$$

式中：I_1、I_2 为河道时段始、末上断面的入流量；O_1、O_2 为河道时段始、末下断面的出流量；Δt 为计算时段；K 为洪水波在河道传播的时间；x 为流量比重因子，无量纲，且满足 $0 < x < 0.5$。

4.2 HEC-HMS 水文模型在乌梁素海东部典型流域的应用

4.2.1 数据预处理

4.2.1.1 水文及气象数据

本研究利用可视化数据存储系统 HEC-DSSVue 建立研究区雨量和流量数据库。HEC-DSSVue 由美国陆军兵团水文工程中心研发，用于存储、整合、管理和处理水文气象数据的一个数据库系统。该软件可将不规则时间间隔的径流和降水数据转化为规则时间间隔的径流和降水数据，并将数据存储为 HEC-HMS 模型所需的文件格式，以便后续模型运行调用。

本研究选用乌梁素海东部流域的广生隆子流域作为研究区，选取 1988—2010 年 14 场降雨洪水事件作为研究对象，具体场次见表 4.2。广生隆流域的场次降雨和径流数据皆为不规则时间序列数据，运用 HEC-DSSVue 模型中的数学函数功能，将该流域降雨数据转化为时间步长为 15min 的累积降雨数据，并储存为可为 HEC-HMS 模型使用的 .dss 格式数据。

表 4.2　　　　　　　　　　　**降雨径流场次及编号**

编　号	降雨径流场次	编　号
1	1988 年 6 月 25 日至 7 月 26 日	19880625
2	1991 年 7 月 26 日至 7 月 27 日	19910726
3	1992 年 7 月 12 日	19920712
4	1992 年 8 月 2 日	19920802

续表

编　　号	降雨径流场次	编　　号
5	1996 年 8 月 18 日	19960818
6	1997 年 7 月 2 日	19970702
7	1997 年 8 月 14 日	19970814
8	1998 年 7 月 5 日	19980705
9	2000 年 7 月 3 日	20000703
10	2005 年 8 月 14—15 日	20050814
11	2006 年 7 月 27—31 日	20060727
12	2006 年 8 月 18—19 日	20060818
13	2009 年 8 月 8 日	20090808
14	2010 年 8 月 7 日	20100807

4.2.1.2　数字高程数据

基于乌梁素海东部流域的 DEM 数据，对广生隆流域进行子流域划分，得到流域河网信息，获得广生隆流域概化图，见图 4.2。

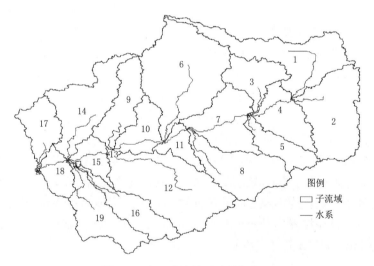

图 4.2　广生隆流域子流域概化图

4.2.1.3　土地利用数据

土地利用/覆被是下垫面特征的重要组成部分，其对径流、蒸散发和下渗过程有着重要影响，从而影响水循环过程。本研究采用巴彦淖尔市 1∶10 万土地利用/覆被数据，在 ArcGIS 中使用流域边界对原始数据进行切割，将广生隆流域土地利用类型分为耕地、草地、林地、园地、建设用地和水域等，如图 4.3 所示。

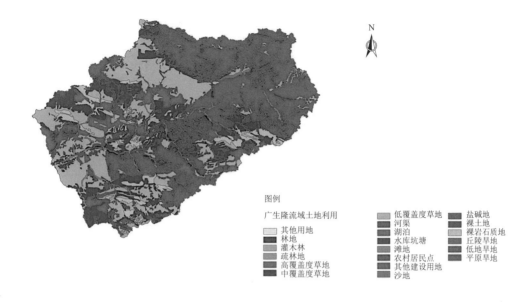

图例

广生隆流域土地利用

□ 其他用地	▨ 低覆盖度草地	▨ 盐碱地
■ 林地	▨ 河渠	▨ 裸土地
▨ 灌木林	▨ 湖泊	▨ 裸岩石质地
▨ 疏林地	▨ 水库坑塘	▨ 丘陵旱地
▨ 高覆盖度草地	▨ 滩地	▨ 低地旱地
▨ 中覆盖度草地	▨ 农村居民点	▨ 平原旱地
	▨ 其他建设用地	
	▨ 沙地	

图 4.3　载入 HEC-HMS 的土地利用类型图

4.2.1.4　土壤数据

　　本研究土壤数据来源于中国土壤数据库巴彦淖尔市乌拉特前旗的土壤数据信息，并从中提取广生隆流域土壤数据，见图 4.4。

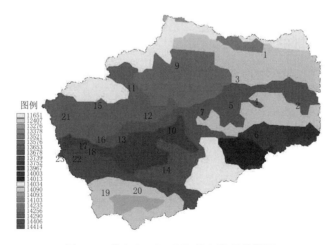

图 4.4　载入 HEC-HMS 的土壤重分类图

　　基于 SCS 曲数法计算 CN 值时，需对土壤进行重分类，结果见表 4.3。

表 4.3   土 壤 重 分 类 表

亚类	土种名称	层数	层数代码	层次厚度 /cm	有机质 /%	全氮 /%
栗钙土	厚栗黄土	3	A（砂质黏壤土）	46	1.1	0.08
			Bk1（砂质黏壤土）	74	0.74	0.05
			Bk2（粉砂质黏壤土）	19	0.48	0.03
淡栗钙土	砾干子泥	3	Ck（壤质黏土）	35	0.35	0.03
			A11（砂质壤土）	24	1.86	0.14
			Bk（粉砂质黏土）	37	1.28	0.08
	薄沙硬砂土	4	S 壤质砂土	9	0.34	0.03
			A 壤质砂土	26	0.76	0.06
			B 砂质壤土	34	0.64	0.03
			Ck 砂质壤土	31	0.38	0.02
	中沙硬砂土 （100mg/100g 土）	3	ABk	20	1.77	0.07
			Bk	65	1.5	0.13
			S	15	0.45	0.03
冲积土	滩砂土	4	A11 砂质壤土	21	0.46	0.04
			C1 壤质砂土	10	0.44	0.04
			C2 砂质壤土	40	0.39	0.04
			C3 砂质壤土	49	0.27	0.01

4.2.2   模型参数的优选

本文选用 SCS 曲数法作为降雨损失的计算方法，SCS 单位线法作为坡面汇流计算方法，河道汇流则用马斯京根河道汇流计算方法，忽略基流部分。因此，模型参数的选取和率定十分重要，本文采用模型自带率定模块和人工试错法共同进行率定，涉及的主要参数见表 4.4，仅 CN 值、流域综合滞时 T_{lag} 以及马斯京根蓄量常数 K 值和流量比重因子 x 等参数率定情况进行介绍。

表 4.4   HEC-HMS 模型参数表

参数物理意义	参数代码	参数物理意义	参数代码
SCS 曲线数	CN	不透水面积	im
洪水滞时系数	t_p	流量比重因子	X
洪峰系数	c_p	马斯京根蓄量常数	K

4.2.2.1 CN 值的确定

SCS 曲数法中，为了量化流域可能最大滞留量，引入无因次参数 CN（Runoff curve number，径流曲线数），该参数为反映流域降雨前特征的综合参数，其主要受前期土壤湿度、土壤类型、土地利用类型等因素综合影响，取值范围为 1~100。

由于研究区土壤多为壤质砂土、砂质壤土，根据表 4.5 确定研究区土壤类型为 A 和 B 类。SCS 法中流域径流量主要取决于降雨量和雨前土壤最大蓄水量，土壤最大蓄水量受土壤质地、土地利用类型和降雨前土壤湿润度。降雨前土壤湿润度可以划分为干燥（AMC Ⅰ）、适中（AMC Ⅱ）和湿润（AMC Ⅲ）3 个等级，根据实测数据和经验认为广生隆流域为 AMC Ⅱ 等级。综合广生隆流域的土地利用、土壤质地及降雨前湿润程度，根据 CN 值参数表，确定了研究区的 CN 值参数，见表 4.6。

表 4.5　　　　　　　　　　SCS 土壤水文组定义表

类型	水文土壤组（HSG）类型及特征		土 壤 水 文 性 质
	最小下渗率/（mm/h）	土壤质地	
A	7.28~11.43	砂土、壤质砂土、砂质壤土	在完全湿润条件下具有较高渗透率的土壤。这类土壤主要由砂砾石组成，有很好的排水特性，导水能力强（产流低）
B	3.81~7.28	壤土、粉砂壤土	在完全湿润条件下具有中等渗透率的土壤。这类土壤排水、导水能力和结构都属于中等
C	1.27~3.81	砂质黏壤土	在完全湿润条件下具有较低渗透率的土壤。这类土壤大多具有阻碍水流向下流动的层，下渗率和导水能力较低
D	0~1.27	黏壤土、粉砂黏壤土、砂黏土、粉砂黏土、黏土	在完全湿润条件下具有很低渗透率的土壤。这类土壤主要由黏土组成，有很高的涨水能力，大多有一个永久的水位线，黏土层接近地表，其深层土几乎不影响产流，导水能力很低

表 4.6　　　　　　　广生隆流域 **CN** 值（AMC Ⅱ）

编　号	土地利用类型	A	B
1	耕地	74	84
2	林地	46	68
3	草地	70	82
4	水域	98	98
5	城乡、工矿、居名用地	73	78
6	未利用土地	82	90

4.2.2.2　流域滞时参数 T_{lag}

流域滞时 T_{lag} 的计算公式为

$$T_{\mathrm{lag}} = \frac{L^{0.8}\,(S+25.4)^{0.7}}{7069\,Y^{0.5}} \tag{4.26}$$

式中：L 为自分水岭沿主河槽的水流长度；S 为流域降雨最大损失量；Y 为流域平均坡度。

4.2.2.3　马斯京根 k 值和 x 的率定

流量比重因子 x 的取值范围为 $0 \sim 0.5$，K 值代表稳定流情况下洪水波在河段的传播时间，计算公式为下式：

$$K = \frac{L}{V_W} \tag{4.27}$$

式中：L 为回流河段的长度，km；V_W 为洪水波传播的速度（正常水流速的 $1.33 \sim 1.67$ 倍），km/h。

将初始参数代入模型，选用 1986—1997 年间 8 场洪水对 K 值和 x 因子进行率定，结果为当 $V_W = 3$ m/s、$x = 0.35$ 时模拟的洪水最接近真实情况。

4.2.3　流域次径流模拟

4.2.3.1　次洪水模拟评价指标

本次选用洪量相对误差 RE_V、洪峰流量相对误差 RE_p、峰现时差 ΔT 及确定性系数 DC 对模拟结果进行综合评价。其中 RE_V、RE_p、ΔT 的绝对值越小，模拟结果越好；DC 值越趋近于 1，模拟结果越好。计算公式分别为

$$RE_V = \frac{Q_s - Q_0}{Q_0} \times 100\% \tag{4.28}$$

式中：RE_V 为洪量的相对误差值；Q_s、Q_0 分别为洪量的模拟值与实测值。

$$RE_P = \frac{q_S - q_0}{q_0} \times 100\%$$ (4.29)

式中：RE_P 为洪峰流量的相对误差值；q_S、q_0 分别为洪峰流量的模拟值与实测值。

$$DC = 1 - \frac{\sum_{i=1}^{n}\left[q_S(i) - q_0(i)\right]^2}{\sum_{i=1}^{n}\left[q_0(i) - q_{mean}\right]^2}$$ (4.30)

式中：i 为计算时段；$q_S(i)$、$q_0(i)$ 分别为 i 时段的洪峰流量模拟值和实测值；q_{mean} 为平均洪峰流量。

4.2.3.2 次洪水模拟结果与验证

1988—1998 年间 8 场洪水率定期的模拟结果见表 4.7 及图 4.5~图 4.12。

表 4.7 率定期的模拟结果

洪号	模拟洪峰 /（m³/s）	实测洪峰 /（m³/s）	洪峰误差 /%	模拟洪量 /万 m³	实测洪量 /万 m³	洪量误差 /%	峰现时差 /min	DC
19880625	269	283	−4.9	139.4	119.6	16.6	0	0.76
19910726	105	115	−8.1	90.1	100.8	−11	0	0.76
19920712	3.69	4.07	−10.9	1.74	1.70	−4.3	0	0.77
19920802	18.7	21.0	−5.2	23.7	24.7	2.5	15	0.93
19960818	165.4	176	−6.0	191.3	188.1	1.7	15	0.93
19970702	44.8	48.7	−8.0	111.7	138.7	−19.4	75	0.87
19970814	26.9	29.8	−9.7	50.2	53.1	−5.4	−15	0.56
19980705	55.3	61.5	−10.1	30.4	27.7	9.7	0	0.73

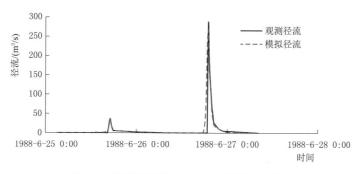

图 4.5 模型率定期 19880625 号洪水径流图

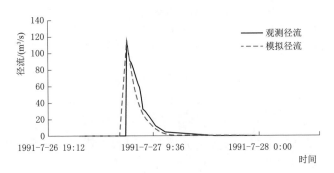

图 4.6　模型率定期 19910726 号洪水径流图

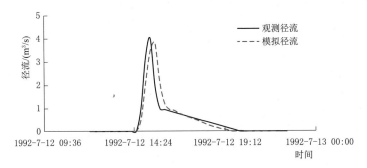

图 4.7　模型率定期 19920712 号洪水径流图

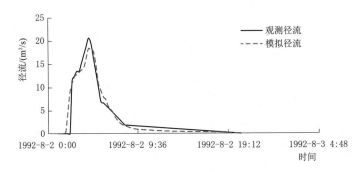

图 4.8　模型率定期 19920802 号洪水径流图

　　从率定期的模拟结果来看，在 8 场洪水模拟过程中，洪峰流量的平均相对偏差为 6.70%，洪量的平均相对偏差为 8.83%，平均峰现时差为 11.25 min，确定性系数为 0.79。洪量相对误差和洪峰相对误差均小于 20%，确定性系数平均值大于 0.7，率定期内的模拟效果理想，率定参数可作为模型优化参数。

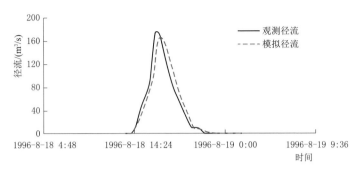

图 4.9 模型率定期 19960818 号洪水径流图

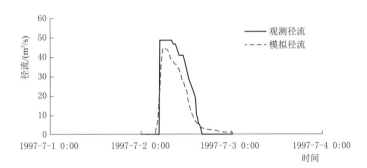

图 4.10 模型率定期 19970702 号洪水径流图

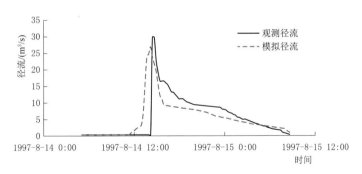

图 4.11 模型率定期 19970814 号洪水径流图

利用率定参数对 2000—2010 年间后 6 场洪水进行模拟验证，模拟结果见表 4.8，及图 4.13～图 4.18。

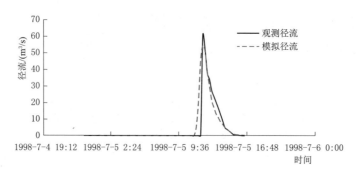

图 4.12　模型率定期 19980705 号洪水径流图

表 4.8　　　　　　　　　　　验证期的模拟结果及误差分析

洪号	模拟洪峰 / (m³/s)	实测洪峰 / (m³/s)	洪峰误差 /%	模拟洪量 /万 m³	实测洪量 /万 m³	洪量误差 /%	峰现时差 /min	DC
20000703	59.32	57.60	3.0	43.29	46.35	−6.6	0	0.95
20050814	31.15	32.30	−3.6	110.32	98.79	11.7	−65	0.74
20060727	126.50	139.00	−9.0	233.21	293.64	−20.6	−30	0.86
20060818	73.40	79.00	−7.1	36.76	42.26	15	30	0.76
20090808	127.30	133.00	−4.2	149.94	118.23	26.8	30	0.76
20100807	149.6	147.5	1.4	226.10	254.87	−11.3	15	0.96

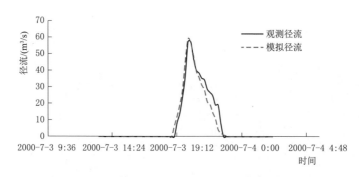

图 4.13　模型验证期 20000703 号洪水径流图

从验证期的模拟结果来看，6 场洪水模拟过程中，洪峰流量的平均相对偏差为 4.72%，洪量的平均相对偏差为 15.80%，平均峰现时差为 28 min，确定性系数为 0.83。洪峰相对误差均小于 20%，洪量相对误差有 4 场合格，确定性系数 6 场均大于 0.7，验证期内的洪峰流量模拟效果理想，而洪量模拟稍差，总体

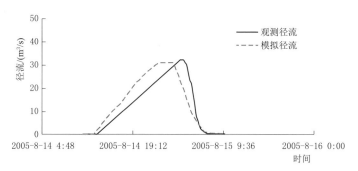

图 4.14　模型验证期 20050814 号洪水径流图

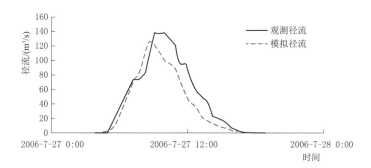

图 4.15　模型验证期 20060727 号洪水实测和模拟流量对比图

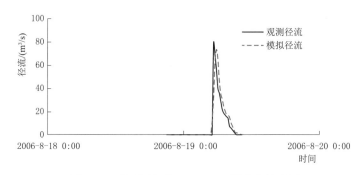

图 4.16　模型验证期 20060818 号洪水径流图

模拟效果较好。

4.2.3.3　模型适用性分析

　　本研究选用 1988—2010 年间 14 场洪水，通过场次降雨径流模拟，对 HEC-

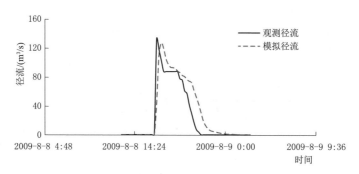

图 4.17　模型验证期 20090808 号洪水径流图

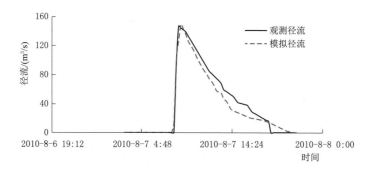

图 4.18　模型验证期 20100807 号洪水径流图

HMS 水文模型在干旱区广生隆流域适用性进行研究。研究结果表明，14 场洪水模拟的平均洪峰流量相对误差为 6.0%，洪量相对误差为 11.8%，平均峰现时差为 21 min，DC 平均值为 0.78，HEC-HMS 水文模型在乌梁素海东部广生隆流域总体模拟效果较好。

通过对比洪峰流量和洪量模拟效果，发现采用 SCS 曲数和 SCS 单位线法模型洪峰流量的模拟效果较洪量模拟效果为好。率定期的 8 场洪水中虽然都合格，但模拟值与实测值的洪量相对误差大于洪峰流量相对误差；验证期中的 6 场洪水中有 2 场洪量相对误差大于 20%，合格率仅为 66.7%，这可能是由于参数 CN 值的选取偏差造成的。模型降雨损失模块采用 SCS 曲数法，其中 CN 值的确定需根据流域土壤质地、土地利用类型和前期土壤含水量共同决定，而本研究假设流域前期土壤含水量均处于中等水平，未详细划分每一场降水径流前的土壤含水量水平，这可能是一些场次的降雨径流预报（尤其是洪量模拟）上出现较大偏差的原因。

通过 14 场洪水径流模拟结果可知，HEC-HMS 模型对洪峰流量的模拟值比实测值偏低，原因可能在于模型中主要参数多依赖于经验值或经验公式，缺乏对降雨径流机制的物理分析和描述。洪水模拟的峰现时差较小，准确度较高，可能是由于广生隆流域降雨过程多为短历时、强降雨，径流过程相对简单，多数为单一洪峰，且模型有较好的时间控制模块，因此在峰现时间模拟上相对准确。

综上所述，HEC-HMS 半分布式水文模型在乌梁素海东部广生隆流域的模拟精度较高，表明模型在该流域的应用效果较好，同时也为模型在干旱地区的应用提供了依据。从细节角度分析，个别场次的模拟效果还有待提高，需要进一步分析其产汇流机制，提高模拟精度。

参 考 文 献

［1］ Singh V P，Woolhiser D A．Mathematical Modeling of Watershed Hydrology［J］．Journal of Hydrologic Engineering，2002，7（4）：270-292.

［2］ 袁立婷．基于 HEC-HMS 水文模型的细河流域山洪预报预警研究［D］.大连：辽宁师范大学，2019.

［3］ 杨凯．HEC-HMS 水文模型及其在洪安涧河流域的适用性研究［D］.郑州：华北水利水电大学，2018.

［4］ 曾举．GIS 水文模型及降雨径流数值模拟研究［D］.昆明：昆明理工大学，2012.

［5］ 刘晓清．基于 HEC-HMS 模型的碧流河流域未来径流对气候变化响应研究［D］.太原：太原理工大学，2019.

［6］ 孟祥磊．大站水库流域 HEC-HMS 洪水预报模型应用研究［D］.济南：山东大学，2019.

［7］ 梁睿．HEC-HMS 水文模型在北张店流域的应用研究［D］.太原：太原理工大学，2012.

第5章 乌梁素海东部流域水文综合模拟

5.1 乌梁素海东部流域雨量特性分析

本研究共收集了1986—2005年乌梁素海东部流域14个雨量站的降水量数据，包括大佘太站、广生隆站、阿塔山站、哈德门沟站、苗二壕站、十二分子站、东官牛犋站、黄土窑子站、哈业胡同站、城库峦站、石家碾房站、乌拉特前旗站、三湖河站、沙盖补隆站等，基于本书作者的研究结果，重点研究流域（大佘太、广生隆、阿塔山、哈德门沟、黄土窑子）年降水量采用PTFs法进行估值；汛期降雨量、最大3 d降雨量、最大连续24 h降雨量、历次产流降雨量及历次产流最大雨强采用多时段泛克立格法进行估值。

5.1.1 乌梁素海东部重点流域估值点确定

乌梁素海东部流域共有4个水文站，即大佘太、广生隆、阿塔山及哈德门沟等站，加上黄土窑子流域（重点研究流域，对乌梁素海产生冲刷），本研究共对上述5个小流域平均降雨量进行估值。

5个流域的提取均在HEC GEO-HMS中进行，各流域位置与乌梁素海的相对位置如图5.1所示，其中大佘太、广生隆及阿塔山流域位于乌梁素海东北部，黄土窑子与哈德门沟流域位于乌梁素海东南部，由于各流域位置及高程的不同，因而其降雨量的分布特征也各异。

在大佘太、广生隆、阿塔山、哈德门沟、黄土窑子这5个流域内部均按照2km×2km的网格进行剖分，借助流域DEM，应用ArcGIS中的空间查询功能，得到5个流域剖分点处的坐标及高程值，用于各流域平均雨量的估值。各流域格点剖分如图5.2所示。

5.1.2 乌梁素海东部流域降雨量估算方法

流域平均降水量的估算方法包括算术平均法、泰森多边形法、距离反比法、

图 5.1 乌梁素海东部地区降雨量估值流域示意

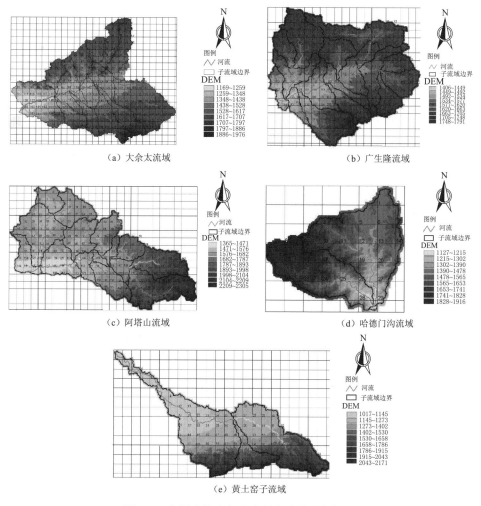

图 5.2 乌梁素海东部重点研究流域格点剖分

等降水量线图法、克立格法、趋势面分析法、PTFs 转换函数法等。本研究主要采用克立格法、趋势面分析法及 PTFs 转换函数法进行乌梁素海东部流域平均降雨量估算。

统计学中的克立格法为优化方法，考虑了各雨量站点的空间分布结构，以及不同时段降水量的各向异性结构等特征，因而它是一种最优无偏估计方法，计算时需求解方程组（5.1）才能确定权重系数 λ_i。

$$\begin{cases} \sum_{j=1}^{n} \gamma_{ij}\,\lambda_j + u_0 = \lambda_{0i} \\ \sum_{j=1}^{n} \lambda_j = 1 \end{cases} \tag{5.1}$$

式中：γ_{ij} 为变差函数，也称结构函数，确定该结构函数是克立格法计算降水量的关键。

趋势面分析法是通过建立降水量与测站空间点坐标 x、y 间的一次或二次模拟函数关系方程，推断其他点或流域的平均降水量；如果在趋势面分析法自变量中引入地面高程因素，这种回归模拟方法我们称其为 PTFs 转换函数法，转换的含义即通过易于获得的地理坐标和地面高程推断其他点或流域上的降水量。

多时段泛克立格法、趋势面分析法及 PTFs 转换函数法都是准确、迅速地计算流域平均降水量的方法，它们可以同时计算同一流域内不同子流域上的平均降水量，在流域周围分布有雨量站点情况下亦可计算无降水量站点小流域上的平均降水量，以下分别对三种方法的理论进行阐述。

5.1.2.1　多时段泛克立格法

克立格法是绘制参变量等值线图、研究参变量的空间变异性、进行参变量的空间内插估值时的无偏最优方法，各种地理信息系统软件及其图形处理软件，如 MapGis、Arcview、MapInfo、Golden Surfer 中都包括克立格法绘制等值线图的模块和功能。克立格法也是处理平稳和非平稳信息最为精确而有效的方法，它包括简单克立格法、普通克立格法、泛克立格法、协同克立格法等，而对于空间上趋势变化的水文变量，多采用泛克立格法。

1976 年以来，Delhomme（1978）、Sophocleous 等（1982）、Hoeksema 等（1989）、Kitanidis 等（1983）把克立格法应用到水文领域，为了遵循空间模型，就某一时刻或某时段内水文变量的空间结构特征加以分析。近年来，克立格法在水文研究方面仍然得到广泛应用（Ramesh S. V. Teegavarapu et al.，2007；Uwe Haberland，2007；Tian Xiangyue et al.，2005；Hege Hisdal，2003；刘晓民等，2014；刘小燕等，2010；王亮等，2007）。

对于干旱半干旱地区而言，一般的小流域仅有少数几个测站，如果此时应用克立格法进行局部区域降雨量的空间变异性分析，就不得不扩展数据域以加大信息量，为了解决这一问题，计算乌梁素海东部流域平均降水量时，应用了多时段泛克立格空间估计理论（刘廷玺等，1995），并用于 1986—2005 年不同时间尺度流域平均降水量的空间最优估计，该法只需少数几个站点降水量序列资料即可建立起反映降水量空间结构特征的变差函数，它能较好地解决小流域或局部区域内少站点情况下降水量的最优估计问题。多时段泛克立格空间估计理论介绍如下。

令 $Z(x,t)$ 为一时空随机函数（ x 为空间点坐标，t 表示时间维），对任一测站 x_i，$Z(x_i,t)$ 为一随机过程，而 $Z(x_i,t)$ 在各个时刻 $t_j(j=1,2,\cdots,T)$ 的实现则组成一个时间序列 $Z(x_i,t_j)$；多个测站 $x_i(i=1,2,\cdots,N)$ 在各时刻 $t_j(j=1, 2,\cdots,T)$，$Z(x,t)$ 的观测值 $\{Z(x_i,t_j);i=1,2,\cdots,N;j=1,2,\cdots,T\}$ 则组成一个随机时间序列簇［为简化，记 $Z(x_i,t_j)$ 为 $Z_i(t_j)$，$Z(x_i,t)$ 为 $Z_i(t)$］。在有限邻域内空间上任意两站的时间序列（随机过程）都是相关的，且随两站距离的加大，其相关程度逐渐减弱。

(1) 基本假设。

1) $\forall x$，随机过程 $Z(x,t)$ 是一阶平稳的，即

$$E[Z(x,t)] = m_x \tag{5.2}$$

2) $\forall x$，y；随机过程 $Z(x,t)$、$Z(y,t)$ 的互方差函数 $C(x,y,t)$ 是平稳的。

$$E[Z(x,t)Z(y,t)] = m_x m_y + C(x,y) \tag{5.3}$$

3) $\forall t$，随机函数 $Z(x,t)$ 的增量［$Z(x,t)-Z(y,t)$］具有非平稳的数学期望［$m(x,t)-m(y,t)$］和非平稳的方差函数。且它们均是一阶平稳的，即对 $\forall x$，y，t，有

$$E[Z(x,t)-Z(y,t)] = m(x,t) - m(y,t) = m_x - m_y \tag{5.4}$$

$$\frac{1}{2}E[Z(x,t)-Z(y,t)]^2 = r(x,y,t) = r(x,y) \tag{5.5}$$

式中：$r(x,y)$ 为变差函数。

4) 设 $Z(x,t)$ 可以分解为漂移 m_x 和剩余 $R(x,t)$ 两部分，即 $Z(x,t)=m_x+R(x,t)$，m_x 为长历时现象，即多年平均降水量；$R(x,t)$ 为短周期内变化，即年降水量与多年平均降水量的差值。

(2) 变差函数的计算。有了上述 4 个假设，即可根据各站水文时间序列 $\{Z_i(t_j);i=1,2,\cdots,N;j=1,2,\cdots,T\}$ 来计算实验变差函数。其公式为

$$m_i = \frac{1}{T}\sum_{j=1}^{T} Z_i(t_j) \tag{5.6}$$

$$R_i(t_j) = Z_i(t_j) - m_i \tag{5.7}$$

把 $R_i(t_j)$ 作为空间点 $i(x_i)$ 处剩余 R_i 的一个实现，则空间上不同两点 i、k 在时段 t_j 内的剩余 $R_i(t_j)$、$R_k(t_j)$ 组成一个数据对，根据各时段 $t_j(j=1,2,\cdots,T)$，T 个数据对 $R_i(t_j)$、$R_k(t_j)$ 即可估计 i、k 两点剩余的变差函数：

$$r(i,k) = \frac{1}{2T} \sum_{j=1}^{T} [R_i(t_j) - R_k(t_j)]^2 \tag{5.8}$$

如果结构函数 $r(i,k)$ 是各向同性的，即 $r(i,k)$ 与 i、k 两点的方向无关，只与 i、k 两点的距离有关，则上式变为

$$r(i,k) = r(h_{ik}) = \frac{1}{2T} \sum_{j=1}^{T} [R_i(t_j) - R_k(t_j)]^2 \tag{5.9}$$

于此，根据空间上每两站的年降水量时间序列，即可得到一个 $r(h)$；N 个测站，则可得到 $N(N-1)/2$ 个 $r(h)$，以各站之间距离 h 为横坐标，以相应的 $r(h)$ 为纵坐标绘成的图形即为实验变差函数图。

如果结构函数是各向异性的，我们可按方向选取测站，基于上述方法做出不同方向的变差函数图，然后再把它们套合起来。本研究未考虑结构函数的各向异性。

（3）多时段泛克立格方程组。基于以上方法求得的变差函数 $r(h)$ 在各个时段内是相同的，从而可根据 N 站年降水量序列 $\{Z_i(t_j); i=1,2,\cdots,N; j=1,2,\cdots,T\}$，利用泛克立格理论，估计任意时段 t_0、空间任一点 x_0 处的 $Z(x_0,t_0)$ 值。其估计式为

$$Z^*(x_0,t_0) = \sum_{d=1}^{N} \lambda_d^{t_0} Z_d(t_0) \tag{5.10}$$

式中：$\lambda_d^{t_0}$ 为 t_0 时段第 d 个测站观测值 $Z_d(t_0)$ 的估计权重。

假设区域化变量 $Z(x,t_0)$ 的漂移式为

$$m(x,t_0) = \sum_{l=0}^{k} a_l f^l(x) \tag{5.11}$$

式中：$f^l(x)$ 为第 l 个漂移基函数；a_l 为其系数。

通常，漂移式多采用线性漂移式或二次漂移式。在二维空间下可表示为

线性式：
$$m(x_1,x_2,t_0) = a_0 + a_1 x_1 + a_2 x_2 \tag{5.12}$$

二次式：
$$m(x_1,x_2,t_0) = a_0 + a_1 x_1 + a_2 x_2 + a_3 x_1^2 + a_4 x_2^2 + a_5 x_1 x_2 \tag{5.13}$$

式中：(x_1,x_2) 为空间点 x 的坐标；x_1、x_2、x_1^2、x_2^2、$x_1 x_2$ 均为基函数；a_0 为漂移常数因子。

在初步确定漂移式形式时，可采用趋势面分析法或直接根据数据的空间变化特点加以确定。具体确定过程要通过模型检验，即给定多个漂移式形式，分

别代入以下泛克立格方程组：

$$
\begin{cases}
\displaystyle\sum_{\beta=1}^{N} \lambda_{\beta}^{t_0} r(x_d,x_\beta) + \sum_{l=1}^{K} u_l f^l(x_d) + u_0 = r(x_d,x_0); d=1,2,\cdots,N \\
\displaystyle\sum_{d=1}^{N} \lambda_d^{t_0} = 1 \\
\displaystyle\sum_{d=1}^{N} \lambda_d^{t_0} f^l(x_d) = f^l(x_0); l=1,2,\cdots,K
\end{cases}
$$

$$\tag{5.14}$$

其估计方差为

$$
\sigma_{ukt_0}^2 = \sum_{d=1}^{N} \lambda_d^{t_0} r(x_d,x_\beta) + \sum_{l=1}^{K} u_l f^l(x_0) + u_0 \tag{5.15}
$$

式中：u_0、u_l 为拉格朗日乘子；$r(x_d,x_\beta)$ 为变量在空间点 x_d、x_β 之间的变差函数值。

上述泛克立格估计方程式（5.14）、式（5.15）可用于：

1）模型检验和各测站缺测资料插补，估计任一时段 t_0、第 i 站的 $Z_i(t_0)$ 值。

2）估计任一时段 t_0、空间任一点 x_0 处的 $Z(x_0,t_0)$。

3）估计任一时段 t_0、空间任一区域 $V(x_0)$ 上 $Z(x,t)$ 的平均值，即估计：

$$
\frac{1}{V(x_0)} \int V(x_0) Z(x,t_0)\mathrm{d}x \tag{5.16}
$$

本研究在计算实验变差函数时采用了删除特异值的最优估算法，获取了较为稳定可靠的实验变差函数，其表达式为

$$
\gamma(h) = \frac{\left\{ \displaystyle\sum_{i=1}^{n} [Z(x_i) - Z(x_i+h)]^2 - \max [Z(x_i) - Z(x_i+h)]^2 \right\}}{2(n-1)}
$$

$$\tag{5.17}$$

5.1.2.2　趋势面分析法

趋势面分析法是利用数学曲面模拟地理系统要素在空间上的分布及变化趋势的一种数学方法。它实质上是通过回归分析原理，运用最小二乘法拟合一个二维非线性函数，模拟地理要素在空间上的分布规律，展示地理要素在地域空间上的变化趋势。

趋势面是一种抽象的数学曲面，它抽象并过滤掉了一些局域随机因素的影响，使地理要素的空间分布规律明显化。因此，通常把实际的地理曲面分解为趋势面和剩余面两部分，前者反映地理要素的宏观分布规律，属于确定性因素

作用的结果；而后者则对应于微观局域，是随机因素影响的结果。趋势面分析法的基本要求就是使得所选趋势面模型剩余值最小，而趋势值最大，这样拟合度精度才能达到足够的准确性，从而揭示地理要素空间分布的趋势与规律。由于地理要素的空间分布曲面大多都是非线性的，寻找这些非线性曲面的数学方程式比较困难，通常采用多项式形式进行拟合。

趋势面分析法常常被用来模拟资源、环境、人口及经济要素在空间上的分布规律，它在空间分析方面具有重要的应用价值，本研究利用降水量与地理位置的密切关系，采用趋势面分析法的空间分析功能对各流域面雨量进行估值。

1. 趋势面模型的建立

设某地理要素的实际观测数据为 $z_i(x_i, y_i)(i = 1, 2, \cdots, n)$，趋势拟合值为 $\hat{z}_i(x_i, y_i)$，则有

$$z_i(x_i, y_i) = \hat{z}_i(x_i, y_i) + \varepsilon_i \tag{5.18}$$

式中：ε_i 为剩余值（残差值）。

显然，当 (x_i, y_i) 在空间上变动时，式（5.18）刻画了地理要素的实际分布曲面、趋势面和剩余面之间的互动关系。

趋势面分析的核心：从实际观测值出发推算趋势面，一般采用回归分析方法，使得残差平方和趋于最小，得到最小二乘法意义下的趋势曲面拟合，即

$$Q = \sum_{i=1}^{n} \varepsilon^2 = \sum_{i=1}^{n} \left[z_i(x_i, y_i) - \hat{z}_i(x_i, y_i) \right]^2 \to \min \tag{5.19}$$

用来计算趋势面的数学方程式有多项式函数和傅立叶级数，其中最常用的是多项式函数形式。因为任何一个函数都可以在一个适当范围内用多项式来逼近，而且调整多项式次幂可使所求回归方程适合实际需要。多项式趋势面主要包括以下 3 种形式：

（1）一次趋势面模型。

$$z = a_0 + a_1 x + a_2 y \tag{5.20}$$

（2）二次趋势面模型。

$$z = a_0 + a_1 x + a_2 y + a_3 x^2 + a_4 xy + a_5 y^2 \tag{5.21}$$

（3）三次趋势面模型。

$$z = a_0 + a_1 x + a_2 y + a_3 x^2 + a_4 xy + a_5 y^2 + a_6 x^3 + a_7 x^2 y + a_8 xy^2 + a_9 y^3 \tag{5.22}$$

2. 趋势面模型参数的确定

趋势面模型参数确定实质上就是根据观测值 z_i, x_i, y_i（$i = 1, 2, \cdots, n$）确定多项式系数 $a_0, a_1, \cdots, a_p$，使残差平方和最小。

（1）多项式回归（非线性模型）模型转化为多元线性回归模型。

$$x_1 = x, x_2 = y, x_3 = x^2, x_4 = xy, x_5 = y^2, \cdots \tag{5.23}$$

$$\hat{z} = a_0 + a_1 x_1 + a_2 x_2 + \cdots + a_p x_p \tag{5.24}$$

（2）残差平方和。

$$Q = \sum_{i=1}^{n} (z_i - \hat{z_i})^2 = \sum_{i=1}^{n} [z_i - (a_0 + a_1 x_{1i} + a_2 x_{2i} + \cdots + a_p x_{pi})]^2 \tag{5.25}$$

求 Q 对 $a_0, a_1, \cdots, a_p$ 的偏导数，并令其等于 0，得正规方程组：

$$\begin{cases} n a_0 + a_1 \sum_{i=1}^{n} x_{1i} + \cdots + a_p \sum_{i=1}^{n} x_{pi} = \sum_{i=1}^{n} z_i \\ a_0 \sum_{i=1}^{n} x_{1i} + a_1 \sum_{i=1}^{n} x_{1i} x_{1i} + \cdots + a_p \sum_{i=1}^{n} x_{pi} x_{1i} = \sum_{i=1}^{n} x_{1i} z_i \\ \cdots \\ a_0 \sum_{i=1}^{n} x_{pi} + a_1 \sum_{i=1}^{n} x_{1i} x_{pi} + \cdots + a_p \sum_{i=1}^{n} x_{pi} x_{pi} = \sum_{i=1}^{n} x_{pi} z_i \end{cases} \tag{5.26}$$

式中：$a_0, a_1, \cdots, a_p$ 为 $p+1$ 个未知量。

（3）矩阵形式表示。

$$\boldsymbol{X} = \begin{bmatrix} 1 & x_{11} & x_{21} & \cdots & x_{p1} \\ 1 & x_{12} & x_{22} & \cdots & x_{p2} \\ \vdots & \vdots & \vdots & \vdots & \vdots \\ 1 & x_{1n} & x_{2n} & \cdots & x_{pn} \end{bmatrix} \quad Z = \begin{bmatrix} z_0 \\ z_1 \\ \vdots \\ z_n \end{bmatrix} \quad A = \begin{bmatrix} a_0 \\ a_1 \\ \vdots \\ a_p \end{bmatrix} \tag{5.27}$$

$$X^{\mathrm{T}} X A = X^{\mathrm{T}} Z \tag{5.28}$$

对于二元二次多项式有

$$z = a_0 + a_1 x + a_2 y + a_3 x^2 + a_4 xy + a_5 y^2$$

$$\begin{bmatrix} 1 & 1 & \cdots & 1 \\ x_1 & x_2 & \cdots & x_n \\ y_1 & y_2 & \cdots & y_n \\ x_1^2 & x_2^2 & \cdots & x_n^2 \\ x_1 y_1 & x_2 y_2 & \cdots & x_n y_n \\ y_1^2 & y_2^2 & \cdots & y_n^2 \end{bmatrix} \cdot \begin{bmatrix} 1 & x_1 & y_1 & x_1^2 & x_1 y_1 & y_1^2 \\ 1 & x_2 & y_2 & x_2^2 & x_2 y_2 & y_2^2 \\ \vdots & \vdots & \vdots & \vdots & \vdots & \vdots \\ 1 & x_n & y_n & x_n^2 & x_n y_n & y_n^2 \end{bmatrix} \cdot \begin{bmatrix} a_0 \\ a_1 \\ a_2 \\ a_3 \\ a_4 \\ a_5 \end{bmatrix}$$

$$= \begin{bmatrix} 1 & 1 & \cdots & 1 \\ x_1 & x_2 & \cdots & x_n \\ y_1 & y_2 & \cdots & y_n \\ x_1^2 & x_2^2 & \cdots & x_n^2 \\ x_1 y_1 & x_2 y_2 & \cdots & x_n y_n \\ y_1^2 & y_2^2 & \cdots & y_n^2 \end{bmatrix} \cdot \begin{bmatrix} z_0 \\ z_1 \\ \vdots \\ z_n \end{bmatrix} \tag{5.29}$$

由式（5.28）求解，可得

$$A = (X^{\mathrm{T}}X)^{-1} X^{\mathrm{T}}Z \tag{5.30}$$

本研究通过不同趋势面方程式模拟回归结果的对比分析与稳定可靠性评估，确定采用一次趋势面模型对乌梁素海东部流域面雨量进行估值，即仅采用估值格点的 x、y 坐标对降雨量进行模拟回归计算。

5.1.2.3　PTFs（Pedo-Transfer Functions）函数转换法

PTFs 又称土壤转换函数，是在估算土壤水力性质时形成的一种估算方法。国外学者 Childs 早在 1940 年就注意到土壤物理性质影响土壤水分特性，特别是 20 世纪 70 年代末以来，许多学者在研究土壤水动力学参数与土壤基本理化性质关系方面做了大量的工作，试图利用一些易获得的土壤理化参数来估算土壤水力性质的方法，这些估算方程可统称为土壤转换函数，又称土壤传递函数，从而建立了研究土壤水动力学参数的一种新方法——PTFs 法（Pedo-Transfer Functions）。

鉴于乌梁素海东部流域及其周边地区地势起伏大，高程对流域降水具有重要影响，本研究将 PTFs 法引入水文领域，其是在趋势面模型的基础上，进一步引入高程值 z，即采用 x、y、z 3 个自变量及其相互组合变量与降雨量进行回归模拟，确立降水量与 x、y、z 间的 PTFs 转换函数式。从而利用易于获取的空间信息，通过 PTFs 转换函数式对乌梁素海东部各流域面雨量进行估值，此时 PTFs 模型可以表示为

$$Z = a_0 + a_1 x + a_2 y + a_3 \ln z \tag{5.31}$$

5.1.3　乌梁素海东部重点流域平均降雨量估算

1. 年降雨量估值

年降雨量的估值采用 PTFs 法，根据 14 个雨量站的年降雨量数据，以 x、y、$\ln z$ 为自变量，以各年各站年降雨量为因变量进行回归分析，得出各变量的系数及常数项，然后对研究流域各格点进行估值，最后计算各格点降雨量的平均值，即得到该流域平均年降雨量。表 5.1 中列出了年降雨量 PTFs 分析中的回归系数及相关系数。表 5.2 中列出了各流域平均年降雨量估值结果（PTFs）。

表 5.1　　年降雨量 PTFs 转换函数回归模拟系数及相关系数

年份	常数项	$a_1\ x$	$a_2\ y$	$a_3\ \ln z$	r
1986	2238.30	0.23	−0.82	223.73	0.76
1987	4181.19	−0.26	−1.40	342.60	0.81
1988	17130.16	0.93	−4.49	450.73	0.92
1989	5303.49	0.77	−1.16	−11.03	0.51
1990	14808.38	−0.84	−4.47	862.92	0.86

年份	常数项	$a_1 x$	$a_2 y$	$a_3 \ln z$	r
1991	8258.77	−0.51	−2.48	481.93	0.89
1992	8479.97	0.11	−2.35	339.60	0.75
1993	8004.21	0.09	−2.25	330.86	0.85
1994	18645.63	−0.13	−4.88	541.85	0.92
1995	15108.58	−0.03	−4.06	501.38	0.77
1996	18198.87	0.86	−4.39	236.51	0.80
1997	15878.94	−0.07	−4.21	497.96	0.89
1998	9327.05	0.06	−2.80	507.06	0.84
1999	4854.81	0.77	−1.30	134.77	0.70
2000	1257.68	0.29	−0.38	71.13	0.41
2001	16867.97	−0.16	−4.07	267.09	0.90
2002	8454.69	0.42	−2.14	183.70	0.87
2003	19097.41	0.58	−4.65	300.93	0.78
2004	11977.91	0.22	−2.86	173.01	0.71
2005	4931.19	0.24	−1.47	245.70	0.78

表 5.2　　　　　　　　　各流域平均年降雨量估值结果（PTFs）

年份	哈德门沟	广生隆	黄土窑子	大余太	阿塔山
1986	266.86	231.99	225.16	221.65	264.29
1987	262.69	189.10	217.54	192.81	217.46
1988	528.11	306.22	410.42	308.31	433.52
1989	294.83	243.86	263.92	237.22	290.83
1990	640.96	399.02	526.91	425.61	478.15
1991	387.80	252.67	325.35	268.41	295.28
1992	417.86	297.81	355.09	303.23	354.82
1993	323.56	208.66	262.91	213.67	263.29
1994	522.34	260.56	424.04	292.23	358.23
1995	468.21	253.94	377.56	274.83	340.33
1996	441.95	217.62	354.49	233.77	330.90
1997	491.90	267.96	401.78	292.08	355.29
1998	415.65	274.11	329.86	276.20	344.32
1999	265.23	210.72	214.57	196.69	266.86
2000	189.91	176.43	168.99	168.43	196.72
2001	405.15	180.33	348.68	219.84	250.99

续表

年份	哈德门沟	广生隆	黄土窑子	大佘太	阿塔山
2002	325.56	218.69	274.12	222.15	277.10
2003	541.95	299.60	453.57	323.12	409.17
2004	408.34	256.08	359.81	275.23	317.84
2005	193.03	122.25	143.95	118.60	166.06

此外，将广生隆、大佘太、阿塔山、哈德门沟、黄土窑子 5 个流域及乌梁素海全域 1986—2005 年的流域平均年降雨量的变化曲线绘于图 5.3。

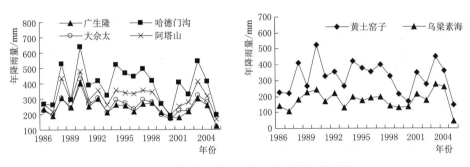

图 5.3　乌梁素海东部重点研究流域年降雨量

2. 汛期降雨量、历次产流降雨量、历次产流最大雨强、最大 3 d 降雨量、最大连续 24 h 降雨量估值

汛期降雨量、历次产流降雨量、历次产流最大雨强、最大 3 d 降雨量、最大连续 24 h 降雨量的估值均采用多时段泛克立格法。各流域及乌梁素海汛期降雨量、最大 3 d 降雨量、最大连续 24 h 降雨量示于图 5.4～图 5.6。由于短历时降雨对乌梁素海湖泊环境的直接影响不显著，所以文中未对乌梁素海 3 d、最大连续 24 h 降雨量及历次产流降雨量进行估值计算。

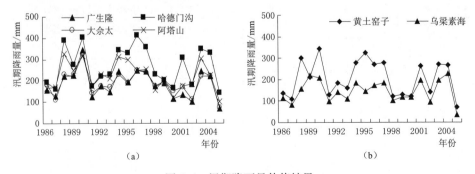

（a）　　　　　　　　　　　　　　　　（b）

图 5.4　汛期降雨量估值结果

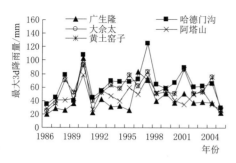

图 5.5　最大 3 d 降雨量估值结果

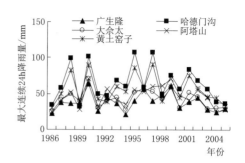

图 5.6　最大连续 24 h 降雨量估值结果

以历次产流降雨量的估值结果为基础，计算各次之和即得到流域汛期产流降雨量，如图 5.7 所示。

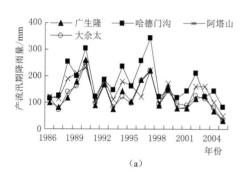

（a）

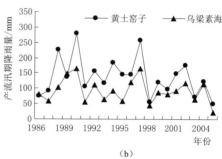

（b）

图 5.7　汛期产流降雨量估值结果

根据历次最大雨强的计算结果可以求得流域平均雨强，计算结果见表 5.3。

表 5.3　　　　　1986—2005 年乌梁素海东部重点研究流域平均雨强　　　单位：mm/h

年份	广生隆	大佘太	阿塔山	哈德门沟	黄土窑子
1986	3.85	4.94	5.22	6.28	4.05
1987	3.66	4.88	4.54	8.48	4.83
1988	7.46	9.49	10.73	13.12	12.04
1989	7.43	8.28	8.51	9.70	7.02
1990	12.69	10.39	8.77	19.19	19.81
1991	7.38	6.37	7.67	10.77	8.47
1992	9.46	7.39	8.43	8.71	6.20
1993	9.83	8.29	10.16	14.07	6.78
1994	6.88	6.48	8.26	10.68	7.36

续表

年份	广生隆	大余太	阿塔山	哈德门沟	黄土窑子
1995	4.31	4.92	13.69	8.68	5.32
1996	21.12	14.93	5.25	16.94	11.19
1997	10.66	11.02	8.74	13.68	5.27
1998	5.17	5.95	6.90	13.43	5.48
1999	10.65	8.91	6.97	9.94	5.39
2000	4.41	4.12	6.20	8.81	5.50
2001	3.80	4.64	5.94	11.61	10.82
2002	6.15	5.08	5.58	9.04	6.33
2003	7.81	9.01	9.90	8.26	5.48
2004	8.82	7.92	5.13	11.79	13.08
2005	6.82	5.94	5.08	10.47	8.21

以上估算结果中，汛期产流降水量与汛期产流雨强对乌梁素海东部流域径流量的影响较大，其可为流域水文综合分析模型及输沙模型提供基础数据。

5.1.4　乌梁素海东部流域暴雨洪水特性分析

乌梁素海东部流域属于典型的干旱半干旱大陆性气候，由于自然地理条件和气候因素的影响，每年7—8月是暴雨发生最多的月份。自1986年以来，乌梁素海东部流域出现较大暴雨洪水的年份主要包括1988年、1989年、1993年、1997年，根据各次洪水发生的历时、强度及过程，对乌梁素海的暴雨洪水特征进行总结分析。

5.1.4.1　暴雨特性分析

暴雨是指短时间内发生的较大强度的降雨，由于乌梁素海东部流域地处干旱及半干旱的内蒙古中部，全年降雨少、蒸发大且易出现大风天气是当地明显的气候特征，此外，在夏季（7月或8月）由于西风槽的东移加强，加上地面河套气旋的强烈发展（娜林等，2004），使得流域内暴雨过程具有发展快、降水强度大、对流性明显等特点。图5.8及图5.9分别给出了乌梁素海东部流域最大连续24 h、最大3 d降水量的等值线图，通过对2个等值线图的分析，可总结出该流域的暴雨特性如下：

（1）暴雨在年内出现的时间较集中。乌梁素海东部流域暴雨主要集中在7—8月，各测站多年平均最大连续24 h暴雨量一般分布为35～50 mm，部分测站由于受地形的影响，多年平均最大连续24 h暴雨可达到70 mm以上。

（2）暴雨在一定范围内出现的几率较小，特别是在固定点上出现的几率则更小。乌梁素海东部流域处于西部较干旱的地区，暴雨出现次数少，日雨量大于 60 mm 的暴雨平均为 10～100 年一遇。

（3）平原区暴雨年际变化较小，历年连续 24 h 暴雨与多年平均值相差不大，但是对于高程较高的山区，由于受地形条件的影响，暴雨年际变化较大，此时历年最大连续 24 h 降雨量一般为多年平均 24 h 降雨量的 3 倍左右。乌梁素海东部流域暴雨历时短，强度大，反映了短历时高强度局地雷暴雨的时程分布性质。

（4）最大连续 24 h 暴雨量在地理分布上总体呈西南向东北递减的趋势。此外，以黄土窑子、东官牛犋、阿塔山一线为暴雨高值区，以此高值区为中线，暴雨量向两侧又呈现递减的趋势。

（5）最大 3 d 降雨量的空间分布与最大连续 24 h 暴雨分布基本相同。最大 3 d 降雨量一般约为最大连续 24 h 暴雨的 2～3 倍，其中黄土窑子最大 3 d 降雨量仍然为最大，是乌梁素海东部流域的暴雨中心。

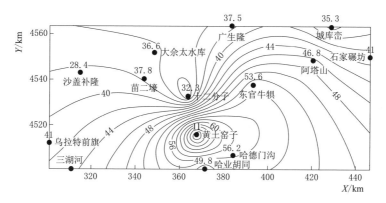

图 5.8　研究流域最大连续 24 h 降雨量等值线

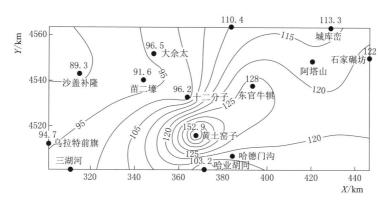

图 5.9　研究流域最大 3 d 降雨量等值线

5.1.4.2　洪水特性分析

洪水是指大量降水在短时间内汇入河槽，形成的特大径流，每当暴雨形成洪水时，河流水量猛增，往往超过河流正常的宣泄能力，从而导致洪涝灾害。根据乌梁素海东部流域的暴雨分布特性可知，在下垫面条件不变的情况下，1d、3d 暴雨量的大小直接决定着流域洪量的大小，而且对处于干旱区的乌梁素海东部流域而言，短历时暴雨是流域汛期产流及产沙的主要原因。基于此，洪水特性总结如下：

（1）乌梁素海东部流域各水文站 1d 洪量与 3d 洪量数值相差不大，说明乌梁素海暴雨产流过程主要发生在短时间内，大多在 1d 内产生大量的径流形成洪水。

（2）乌梁素海东部流域各水文站 1d、3d 洪量及洪峰流量在年际间相差较大，20 世纪 80 年代末期，连续 3 年的洪量较大，90 年代中期也出现过大洪量洪水，但是进入 21 世纪以来，基本没有大的洪水发生，且洪量及洪峰流量数值都较小。比较 20 世纪 80 年代、90 年代及 21 世纪初的洪量及洪峰流量，二者随着时间的推进出现减少的趋势。

（3）乌梁素海东部流域洪量及洪峰流量随空间位置的变化差别较大。以黄土窑子、东官牛犋、阿塔山一线降雨量较大，相应洪量及洪峰流量也较大，此线两侧则洪量及洪峰流量相对减少，说明黄土窑子、哈德门沟、阿塔山流域为洪水易发流域，尤其黄土窑子流域的出口位于乌梁素海的边界，该流域产流产沙对于乌梁素海淤积及其环境的变化都具有重要的作用。

（4）各测站洪量及洪峰流量年际变化大，同一地点的暴雨可能几年或几十年甚至更长时间才出现一次，洪水出现日期主要集中在 7—8 月，但个别情况下也会出现在 5 月或 6 月。

5.2　流域水文综合分析模型的建立

本研究中，流域水文综合分析模拟是将各水文站汛期径流量与各流域平均汛期产流降水量、平均汛期产流雨强、流域面积、流域平均坡度、河道长度、流域形状系数、流域植被覆盖率等参数进行多元回归分析，从而推断出重点研究流域出口断面汛期径流量。

5.2.1　流域水文综合分析模型中各参数的确定

在建立流域综合水文模型之前，需要确定流域内各相关参数。本研究在对 DEM 数据进行处理的基础上，确定了流域面积、水系长度、流域平均坡度、流域形状系数、植被覆盖率等参数，从而为流域水文模型的建立提供条件。

5.2.1.1 流域面积的确定

通过对乌梁素海东部各子流域的划分，根据各个水文站所在位置，划定流域出口，选择出口点，HEC 中的 GEO-HMS 模块自动划定流域边界，并算出流域集水面积，根据此方法，阿塔山、广生隆、大佘太、哈德门沟及黄土窑子流域的集水面积列于表 5.4 中。

表 5.4　　　　　　　　各流域集水面积

站点	阿塔山	广生隆	大佘太	哈德门沟	黄土窑子
面积/km²	878.97	967.65	1000.22	106.04	361.84

5.2.1.2 流域水系长度的确定

在 DEM 预处理过程中会生成各流域主要水系，打开流域水系的属性文件，即可从其中查出各流域主要水系中的分段长度，将各分段长度求和即为流域水系总长度。图 5.10 给出了阿塔山、广生隆、大佘太、哈德门沟及黄土窑子流域的水系分布图，表 5.5 为各流域水系长度。

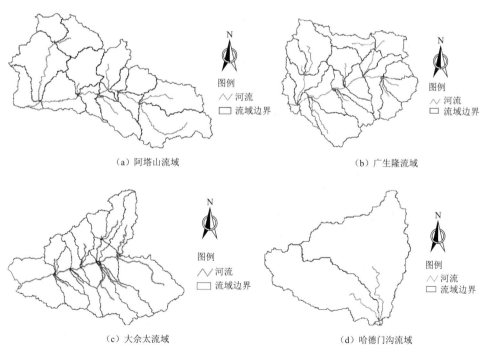

（a）阿塔山流域　　　　　　　　　　（b）广生隆流域

（c）大佘太流域　　　　　　　　　　（d）哈德门沟流域

图 5.10（一）　各流域主要水系分布

（e）黄土窑子流域

图 5.10（二）　各流域主要水系分布

表 5.5　　　　　　　　　　　　各 流 域 水 系 长 度　　　　　　　　　　单位：km

站点	阿塔山	广生隆	大佘太	哈德门沟	黄土窑子
长度	96.55	130.71	157.39	12.23	60.95

5.2.1.3　流域平均坡度的确定

在 ArcGIS 中采用 ARCHYDRO Tools 下 Terrain processing 中的 SLOPE 命令，得出各个流域整体的坡度分布图，然后通过 spatial analysis 中的 raster calculator 工具，选择不同的坡度变化范围，得出该坡度范围内的栅格数，继而计算各坡度范围在整个流域内所占百分比，按照算数平均法计算每一坡度范围内的平均坡度，与其所占百分比相乘，然后将各坡度范围内的值相加，即可得到整个流域内的平均坡度，以下对各流域的平均坡度进行计算。

1. 阿塔山流域

以阿塔山流域 DEM 图为基础，提取流域坡度，流域坡度分布如图 5.11 所示。根据各坡度范围内的栅格数及其在整个流域内所占百分比，计算出流域的平均坡度，平均坡度的计算结果见表 5.6，阿塔山流域的平均坡度为 9.86°。

图 5.11　阿塔山流域坡度分布

表 5.6   阿塔山流域平均坡度

坡度范围/（°）	平均坡度/（°）	坡度范围内栅格数	各范围所占百分比	流域平均坡度/（°）
0～5	2.5	52183	0.36	
5～11	8.0	47123	0.32	
11～17	14.0	25284	0.17	9.86
17～25	21.0	15391	0.11	
25～61	43.0	5903	0.04	

2. 广生隆流域

以广生隆流域 DEM 图为基础，提取流域坡度，流域坡度分布如图 5.12 所示。根据各坡度范围内的栅格数及其在整个流域内所占百分比，计算出流域的平均坡度，平均坡度的计算结果见表 5.7，广生隆流域的平均坡度为 4.92°。

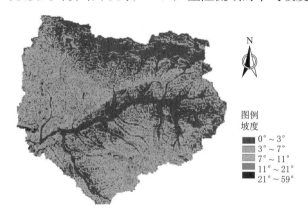

图 5.12   广生隆流域各坡度分布

表 5.7   广生隆流域平均坡度

坡度范围/（°）	平均坡度/（°）	坡度范围内栅格数	各范围所占百分比	流域平均坡度/（°）
0～3	1.5	66580	0.42	
3～7	5.0	61624	0.39	
7～11	9.0	19533	0.12	4.92
11～21	16.0	8949	0.06	
21～59	40.0	1236	0.01	

3. 大佘太流域

以大佘太流域 DEM 图为基础，提取流域坡度，流域坡度分布如图 5.13 所示。根据各坡度范围内的栅格数及其在整个流域内所占百分比，计算出流域的平均坡度，平均坡度的计算结果见表 5.8，大佘太流域的平均坡度为 9.58°。

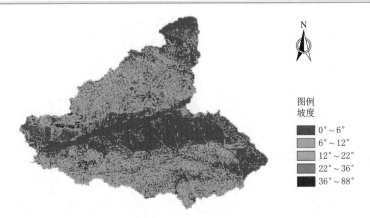

图 5.13　大佘太流域坡度分布

表 5.8　　　　　　　　　　大佘太流域平均坡度

坡度范围/（°）	平均坡度/（°）	坡度范围内栅格数	各范围所占百分比	流域平均坡度/（°）
0～6	3.0	74751	0.48	
6～12	9.0	44495	0.29	
12～22	17.0	24288	0.16	9.58
22～36	29.0	9692	0.06	
36～88	62.0	2839	0.02	

4. 哈德门沟流域

以哈德门沟流域 DEM 图为基础，提取流域坡度，流域坡度分布如图 5.14 所示。根据各坡度范围内的栅格数及其在整个流域内所占百分比，计算出流域的平均坡度，平均坡度计算结果见表 5.9，哈德门沟流域的平均坡度为 25.57°。

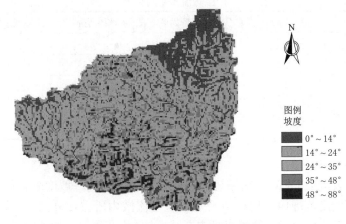

图 5.14　哈德门沟流域坡度分布

表 5.9		哈德门沟流域平均坡度		
坡度范围/（°）	平均坡度/（°）	坡度范围内栅格数	各范围所占百分比	流域平均坡度/（°）
0～14	7.0	4343	0.23	
14～24	19.0	5185	0.28	
24～35	29.5	4999	0.27	25.57
35～48	41.5	2900	0.16	
48～88	68.0	1151	0.06	

5. 黄土窑子流域

以黄土窑子流域 DEM 图为基础，提取流域坡度，流域坡度分布如图 5.15 所示。根据各坡度范围内的栅格数及其在整个流域内所占百分比，计算出流域的平均坡度，平均坡度的计算结果见表 5.10，黄土窑子流域的平均坡度为 14.45°。

图 5.15 黄土窑子流域坡度分布

表 5.10		黄土窑子流域平均坡度		
坡度范围/（°）	平均坡度/（°）	坡度范围内栅格数	各范围所占百分比	流域平均坡度/（°）
0～8	4.0	34327	0.55	
8～19	13.5	9750	0.16	
19～31	25.0	9957	0.16	14.45
31～45	38.0	6416	0.10	
45～90	67.5	2108	0.03	

5.2.1.4 流域形状系数的确定

流域平均宽度与流域长度之比称为流域形状系数。扇形流域的形状系数较大，狭长性流域则较小，所以流域形状系数在一定程度上以定量的方式反映流域的形状。

流域形状系数可用公式表示为

$$S = \frac{A}{l^2} \tag{5.32}$$

式中：A 为流域面积，km^2；l 为河道长度，km。

将各流域面积及河道长度代入式（5.32），即可得出各流域的形状系数，见表 5.11。

表 5.11　　　　　　　　　各 流 域 形 状 系 数

站点	阿塔山	哈德门沟	广生隆	大佘太	黄土窑子
形状系数	0.094301	0.708631	0.056637	0.040379	0.0974

5.2.1.5　流域植被覆盖率的确定

土地利用参数化主要是确定流域内部不同土地利用类型以及每种类型的空间分布状况。本研究中，利用各流域 Landsat-TM 卫星遥感图像，通过采用最大似然监督分类来提取土地利用与土地覆盖信息，如图 5.16 所示。由于获取的 Landsat ETM 影像只能覆盖阿塔山流域的一半，因此阿塔山流域的土地利用图未给出，植被覆盖率按照所获取部分进行计算。

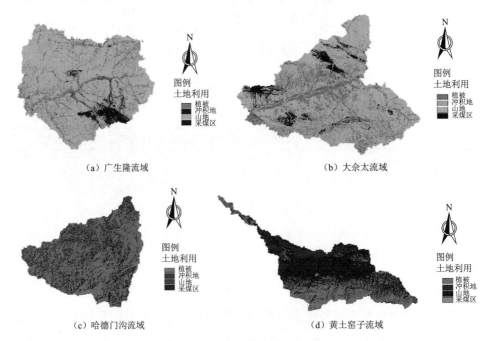

图 5.16　各流域土地利用分类

从以上土地利用分类结果中，计算出植被覆盖率如表 5.12 所列。

表 5.12 各 流 域 植 被 覆 盖 率

站点	阿塔山	哈德门沟	广生隆	大佘太	黄土窑子
植被覆盖率	0.32	0.65	0.15	0.19	0.32

5.2.2　流域综合水文模型的建立

流域径流深随地形地貌参数变化而变化，但其更主要的是与流域降雨量有关。本研究拟选取汛期径流深、汛期产流降雨量、汛期产流平均雨强、平均坡度、形状系数、植被覆盖率、河道长度、流域面积等参数建立关系。各参数间的相关矩阵见表 5.13。

表 5.13 汛期径流深与流域各参数的相关系数

相关系数	汛期径流深	汛期产流降雨量	汛期产流平均雨强	平均坡度	形状系数	植被覆盖率	河道长度	流域面积
汛期径流深	1.00							
汛期产流降雨量	0.60	1.00						
汛期产流平均雨强	0.39	0.26	1.00					
平均坡度	0.48	0.42	0.15	1.00				
形状系数	0.47	0.41	0.24	0.97	1.00			
植被覆盖率	0.52	0.43	0.17	0.95	0.97	1.00		
河道长度	−0.43	−0.43	−0.19	−0.91	−0.95	−0.99	1.00	
流域面积	−0.39	−0.42	−0.23	−0.97	−1.00	−0.98	0.96	1.00

由表 5.13 可以看出，汛期径流深与汛期产流降雨量、汛期产流平均雨强、流域平均坡度、流域形状系数及植被覆盖率具有较好的相关关系，因此本研究利用汛期径流深与上述各参数进行多元回归，建立如下关系：

$$\alpha = a + bP + cI + dJ + eS + fC \tag{5.33}$$

式中：α 为汛期径流深，mm；P 为汛期产流降水量，mm；I 为汛期产流平均雨强，mm/h；J 为流域平均坡度，(°)；S 为流域形状系数；C 为植被覆盖率，%。

根据历年各测站汛期径流深、各测站以上流域平均汛期产流降水量、平均汛期产流雨强、流域平均坡度、形状系数及植被覆盖率，通过多元统计回归，可模拟确定出方程式（5.33）中的各系数。流域水文综合分析模型的表达式为

$$\alpha = -26.2 + 0.04P + 0.98I + 0.61J - 37.45S + 42.39C \tag{5.34}$$

相关系数 $R = 0.73$，均方误 $D = 6.59$

根据式（5.34）的计算结果，绘出了阿塔山、哈德门沟、广生隆、大佘太各水文站汛期径流量实测值与模拟值的对比图，如图 5.17 所示。

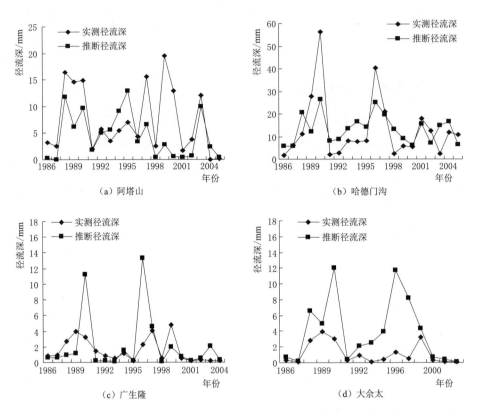

（a）阿塔山　　　　　　　　　（b）哈德门沟

（c）广生隆　　　　　　　　　（d）大佘太

图 5.17　乌梁素海东部流域各测站汛期径流量的实测值与推断值的对比

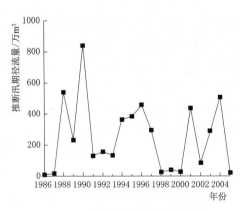

图 5.18　黄土窑子流域出口断面
推断汛期径流量

由图 5.17 可以看出，对于阿塔山及哈德门沟流域，径流量推断值比实测值偏小，而对于广生隆和大佘太流域推断值较实测值为大，但总体而言，各水文站历年径流量的测验值与推断值比较接近，精度较高，模型可以应用于黄土窑子流域。

根据式（5.3），将黄土窑子流域平均汛期产流降水量、汛期产流平均雨强、流域平均坡度、形状系数及植被覆盖率等参数代入，既可推断出黄土窑子流域出口断面汛期径流量，估算结果如图 5.18 所示。

5.2.3 流域输沙模型的建立

影响流域暴雨侵蚀产沙的主要因素包括：径流深、降雨强度、流域地质条件、植被、土地利用、土壤条件等。在产流计算中已经确定出了部分参数，但是土壤分布情况并未给出，这里选择土壤中值粒径来代表流域土壤特性。

5.2.3.1 流域土壤中值粒径的确定

中值粒径，即在泥沙颗粒级配曲线上与纵坐标 50％ 相应的粒径，在全部沙群中，大于或小于这一粒径的泥沙在重量上刚好相等，使用中值粒径概括泥沙群体的粒径能较小受极端值（最大及最小粒径）的影响。本研究采用 FAO 的数据对各流域中值粒径进行计算，土壤分布如图 5.19 所示。

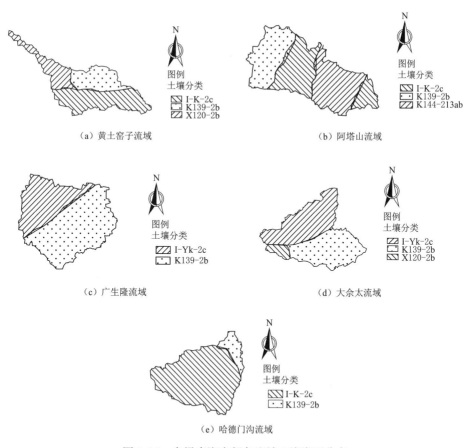

（a）黄土窑子流域 （b）阿塔山流域

（c）广生隆流域 （d）大余太流域

（e）哈德门沟流域

图 5.19 乌梁素海东部各流域土壤类型分布

在 FAO 土壤数据库中，每一类土壤均有其土壤编号和相应名称，例如本次研究区域的 5 类土壤编号和名称包括 4388（I-Yk-2c），4399（K139-2b）等，同时根据土壤的 ID 号，在 FAO 数据库中可以得到土壤的组成成分，如 I-Yk-2c 由两种土壤单元组成，其中 I2 占 50%，Yk2 占 50%；K139-2b 由两种土壤单元组成，其中 K12 占 70%，Zo2 占 30% 等。此外，上述土壤单元的上层（0～30cm）及下层（30～120cm）中砂土、壤土、黏土所占的百分比含量也可在 FAO 数据库中查出。表 5.14 给出了流域土壤组成及各子类含量。

表 5.14　　　　　　　　　　流域土壤组成及子类含量

流域	ID	土壤分类	子类	百分比/%	砂土/%	壤土/%	黏土/%
大佘太	4388	I-Yk-2c	I 2	50	65.0	15.0	20.0
			Yk 2	50	57.7	25.7	16.6
	4399	K139-2b	Kl 2	70	35.1	45.8	19.0
			Zo 2	30	37.9	45.6	16.6
	4433	X120-2b	Xl 2	70	66.7	10.0	22.7
			Zo 2	30	37.9	45.6	16.6
广生隆	4388	I-Yk-2c	I 2	50	65.0	15.0	20.0
			Yk 2	50	57.7	25.7	16.6
	4399	K139-2b	Kl 2	70	35.1	45.8	19.0
			Zo 2	30	37.9	45.6	16.6
阿塔山	4399	K139-2b	Kl 2	70	35.1	45.8	19.0
			Zo 2	30	37.9	45.6	16.6
	3974	I-K-2c	I 2	50	65.0	15.0	20.0
			K 2	50	47.0	31.0	22.0
	4401	K144-2/3ab	Kl 2	25	35.1	45.8	19.0
			Kl 3	25	41.4	23.5	35.2
			Kh 2	30	54.5	27.3	18.2
			Gm 2	10	41.4	38.4	26.6
			Zm 2	10	48.4	34.1	17.5
哈德门沟	3974	I-K-2c	I 2	50	65.0	15.0	20.0
			K 2	50	47.0	31.0	22.0
	4399	K139-2b	Kl 2	70	35.1	45.8	19.0
			Zo 2	30	37.9	45.6	16.6

续表

流域	ID	土壤分类	子类	百分比/%	砂土/%	壤土/%	黏土/%
黄土窑子	4433	X120-2b	Xl 2	70	66.7	10.8	22.7
			Zo 2	30	37.9	45.6	16.6
	4399	K139-2b	Kl 2	70	35.1	45.8	19.0
			Zo 2	30	37.9	45.6	16.6
	3974	I-K-2c	I 2	50	65.0	15.0	20.0
			K 2	50	47.0	31.0	22.0

由表5.14各子类中的砂土、壤土、土的百分含量，可以得出每一分类中3种土壤的平均含量，继而得出整个流域3种土壤的平均百分比含量，如表5.15所列。

表 5.15　　　　　　　　流域砂土、壤土、黏土平均含量的计算

流域	ID	土壤分类	砂土平均含量	壤土平均含量	黏土平均含量	所占面积/km	面积百分比	流域砂土含量	流域壤土含量	流域黏土含量
大佘太	4388	I-Yk-2c	0.61	0.20	0.18	491.05	0.49	0.50	0.32	0.18
	4399	K139-2b	0.36	0.46	0.18	451.05	0.45			
	4433	X120-2b	0.58	0.21	0.21	58.11	0.06			
广生隆	4388	I-Yk-2c	0.61	0.20	0.18	341.27	0.35	0.45	0.37	0.18
	4399	K139-2b	0.36	0.46	0.18	626.39	0.65			
阿塔山	4399	K139-2b	0.36	0.46	0.18	262.02	0.30	0.46	0.33	0.21
	3974	I-K-2c	0.56	0.23	0.21	318.80	0.36			
	4401	K144-2/3ab	0.44	0.33	0.23	303.00	0.34			
哈德门沟	3974	I-K-2c	0.56	0.23	0.21	94.41	0.89	0.54	0.25	0.21
	4399	K139-2b	0.36	0.46	0.18	11.64	0.11			
黄土窑子	4433	X120-2b	0.58	0.21	0.21	82.99	0.23	0.51	0.29	0.20
	4399	K139-2b	0.36	0.46	0.18	94.09	0.26			
	3974	I-K-2c	0.56	0.23	0.21	184.77	0.51			

最后根据表5.15中各流域3种土壤的百分含量，根据中值粒径计算公式，即可得出各流域平均中值粒径，见表5.16。

表 5.16　　　　　　　　各流域平均中值粒径　　　　　　　　单位：mm

流域	大佘太	广生隆	阿塔山	黄土窑子	哈德门沟
中值粒径	0.067	0.054	0.054	0.069	0.076

5.2.3.2 乌梁素海东部流域输沙模型的建立

降雨量的大小及时空分布，反映降雨侵蚀的动力及输沙能力的大小。同等条件下，降雨量大，通常雨强也较大，相应径流量也大，继而径流冲刷能力与输沙能力大。此外，降雨量在时空上分布越不均匀，不同时段的局地产沙越集中，则相同降雨量时的产流产沙量就越大。一般而言，流域下垫面地形地貌主要通过影响汇流过程对径流侵蚀和输沙起作用。

对乌梁素海东部流域而言，通过各水文站输沙量数据与流域参数的单变量回归分析，认为降雨、地貌形态因子、植被及土壤因子是影响流域输沙模数 M_s 的主要因子。因此，建立输沙模数（对数）与汛期径流深、汛期产流降水量、汛期产流平均雨强、流域平均坡度、流域形状系数、植被覆盖率、土壤中值粒径、流域面积、河道长度等参数（对数）的相关矩阵如表 5.17 所列。

表 5.17　　　　输沙模数与流域各参数的相关系数矩阵

相关系数	汛期输沙模数	汛期径流深	汛期产流降水量	汛期产流平均雨强	平均坡度	形状系数	流域面积	河道长度	中值粒径	植被覆盖率
汛期输沙模数	1									
汛期径流深	0.98	1								
汛期产流降水量	0.63	0.71	1							
汛期产流平均雨强	0.59	0.62	0.60	1						
平均坡度	0.31	0.32	0.29	0.59	1					
形状系数	0.29	0.30	0.27	0.56	1	1				
流域面积	−0.27	−0.28	−0.24	−0.55	−1	−1	1			
河道长度	−0.27	−0.28	−0.24	−0.55	−1	−1	1	1		
中值粒径	0.32	0.33	0.29	0.60	1	1	−1	−1	1	
植被覆盖率	−0.28	−0.29	0.28	0.58	1	1	−1	−1	1	1

根据表 5.17 的统计结果可以看出，流域汛期输沙模数与汛期径流深、汛期产流降水量、汛期产流平均雨强、平均坡度、形状系数、中值粒径、植被覆盖率相关系数较大，通过多元回归分析，得到乌梁素海东部流域汛期输沙模数的

综合表达式为

$$M_s = 1.51 \, \alpha^{1.38} \, P^{-0.51} \, I^{-0.03} \, J^{-0.1} \, S^{0.08} \, d^{-1.01} \, C^{-0.39} \tag{5.35}$$

相关系数 $R = 0.69$，均方误 $D = 1.35$

式中：M_s 为流域汛期输沙模数；α 为汛期径流深，mm；P 为汛期产流降雨量，mm；I 为汛期产流平均雨强，mm/h；J 为流域平均坡度，(°)；S 为形状系数；d 为中值粒径，mm；C 为植被覆盖率，%。

根据式（5.35）可以得出黄土窑子流域出口处各年输沙量及年输沙模数，见图 5.20。

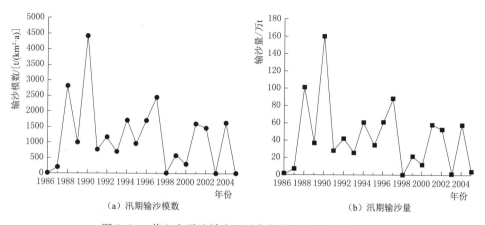

（a）汛期输沙模数　　　　　　　　　　（b）汛期输沙量

图 5.20　黄土窑子流域出口处各年输沙量及年输沙模数

根据计算求得的黄土窑子流域汛期径流量与汛期输沙量，对二者进行相关分析（图 5.21），相关系数为 0.74，相关性较好，说明使用以上两个模型估值结果较好，且流域水文综合模型及输沙模型的计算结果可以用于湖泊淤积计算中。

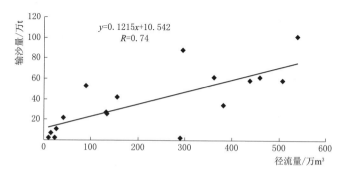

图 5.21　黄土窑子流域汛期径流量及汛期输沙量的相关性

5.3 小结

本研究联合应用 RS、GIS、水文模型及产沙模型等多种方法，并将定性与定量相结合，宏观与微观相结合，时间尺度和空间尺度相结合，在 DEM 支持下，建立流域暴雨洪水与湖泊淤积过程、淤积量之间的动态响应关系。

（1）乌梁素海东部流域水文综合分析模型。通过分析乌梁素海东部流域汛期径流深、汛期径流量、汛期产流降雨量、汛期产流平均雨强、流域平均坡度、形状系数、植被覆盖率、流域面积、河道长度的相关矩阵及相关系数，选择汛期径流深与汛期产流降雨量、汛期产流平均雨强、流域平均坡度、形状系数、植被覆盖率进行多元回归，从而建立流域综合水文模型。

（2）乌梁素海东部流域综合输沙模型。选取土壤中值粒径作为输沙参数，结合各地形地貌参数，建立流域输沙模数与汛期径流深及各参数的相关系数矩阵，进而确定出影响流域输沙的主要参数，经过多元回归，建立流域综合输沙模型。

（3）乌梁素海东部流域产流产沙对湖泊东南部边界淤积形态的影响研究。利用已经建立的水文综合分析模型及输沙模型，对与乌梁素海有直接联系的黄土窑子流域径流量及输沙量进行推断，继而将输沙量与乌梁素海东南部边界淤积变化量建立关系，结果显示二者变化趋势一致，说明乌梁素海东南部边界淤积形态变化与流域产流产沙关系密切，揭示了汛期暴雨洪水是导致湖泊东南部形态变化的主要影响因素之一。

参 考 文 献

［1］ 刘晓民，万峥，刘海燕．基于地质统计学理论的海拉尔河流域降水时空变异性研究［J］．南水北调与水利科技，2014，12（4）：16-20，34.

［2］ 刘小燕，朝伦巴根，王亮，等．多时段泛克立格模型在降水量数据插补中的应用［J］．中国农村水利水电，2010（01）：34-38.

［3］ J. P. Delhomme. Kriging inHydrosciences［J］. Advances in Water Resources，1978，1（5）：251-266.

［4］ Sophocleous M，Paschetto J E，Olea R A . Ground-Water Network Design for Northwest Kansas，Using the Theory of Regionalized Variables［J］. Groundwater，1982，20（1）：48-58.

［5］ Hoeksema R J，Clapp R B，Thomas A L, et al. Cokriging model for estimation of water table elevation［J］. Water Resources Research，1989，25（3）：429-438.

［6］ Kitanidis P K，Vomvoris E G. A geostatistical approach to the inverse problem in groundwater modeling (steady state) and one dimensional simulations [J]. Water Resources Research, 1983, 19 (3): 677 - 690.

[7] Teegavarapu R S V, Chandramouli V. Improved weighting methods, deterministic and stochastic data-driven models for estimation of missing precipitation records [J]. Journal of Hydrology, 2005, 312 (1 - 4): 191 - 206.

[8] Haberlandt U. Geostatistical interpolation of hourly precipitation from rain gauges and radar for a large-scale extreme rainfall event [J]. Journal of Hydrology, 2007, 332 (1 - 2): 144 - 157.

[9] Yue T X, Fan Z M, Liu J Y. Changes of major terrestrial ecosystems in China Since 1960 [J]. Global and Planetary Change, 2005, 48 (4): 287 - 302.

[10] Hisdal H, Tallaksen L M. Estimation of regional meteorological and hydrological drought characteristics: a case study for Denmark [J]. Journal of Hydrology, 2003, 281 (3): 230 - 247.

[11] 王亮, 朝伦巴根, 王力飞, 等. 基于非列线数据的泛克立格法在地下水位空间变异性研究中的应用 [J]. 水资源与水工程学报, 2007 (04): 27 - 31.

[12] 刘廷玺, 朝伦巴根. 多时段泛克立格空间估计理论及其在水文领域中的应用 [J]. 水利学报, 1995 (02): 76 - 83.

[13] 董冬, 边静. 趋势面分析法在地下水动态预测中的应用 [J]. 吉林地质, 2020, 39 (02): 96 - 99.

[14] 廖凯华. 基于 PTFs 的土壤水力性质预测方法及其应用研究 [D]. 南京: 南京大学, 2012.

[15] 娜林, 孟雪峰, 赵艳丽, 等. 内蒙古河套地区一次大-暴雨过程分析 [J]. 内蒙古气象, 2004 (4): 11 - 12.

第6章 乌梁素海东部流域干旱特征时空变化分析

6.1 降水序列趋势与突变分析

流域干旱特征时空变化分析共收集1986—2014年乌梁素海东部流域11个雨量站的降水量数据,包括广生隆站、大佘太站、苗二壕站、黄土窑子站、哈德门沟站、阿塔山站、东官牛犋站、十二分子站、前进站、模斯图、东油房壕站等。

6.1.1 降水量月统计规律

将11个站点1986—2014年多年逐日降水量时间序列整理为逐月降水量,统计出各站点最小值、最大值、平均值、标准差、变异系数、偏度及峰度等统计特征值,分析研究区月均降水量变化特征,结果见表6.1。

表6.1　　　　　1986—2014年各雨量站多年月均降水量时间序列统计

站名	最小值/mm	最大值/mm	平均值/mm	标准差/mm	变异系数	偏度	峰度
广生隆	0.00	161.00	20.42	28.46	1.40	1.86	3.49
大佘太	0.00	141.10	18.36	26.85	1.46	1.86	3.21
苗二壕	0.00	100.00	11.20	15.57	1.39	2.63	6.80
黄土窑子	0.00	276.40	31.32	44.36	1.42	2.36	6.31
哈德门沟	0.00	261.30	27.00	40.36	1.50	2.46	7.09
阿塔山	0.00	161.30	24.99	33.53	1.34	1.80	2.96
东官牛犋	0.00	160.20	25.36	24.76	0.98	1.11	1.67
十二分子	0.00	173.30	29.73	28.14	0.95	1.60	4.66
前进	0.00	125.30	17.60	25.89	1.47	1.83	2.80
模斯图	0.00	130.00	11.28	18.39	1.63	2.73	9.59
东油房壕	0.00	153.60	19.99	27.68	1.38	1.85	3.16

由表6.1可知，11个监测站点的月均降水量数据最小值都为0，即每年都存在无降水的月份，并且月降水量最大值均大于等于100mm，变动范围为100.00～276.40 mm，表明研究区地处干旱半干旱地区，降水在各月分配极不均衡，且暴雨比较集中；月均降水量变异系数除东官牛犋和十二分子站小于1外，其余9个站点的变异系数均大于1，降水量变异程度较大；各雨量站月均降水量的偏度均大于0，表现为右偏离；除阿塔山、前进和东官牛犋站的峰度值小于3，其余8个站点的峰度均大于3，通过标准差、偏峰度可以看出，山区降水量变化较大，变异性较强，降水量总体符合正态分布规律。

6.1.2　降水量年际和季际变化

乌梁素海东部流域位于黄河中上游地区，根据该地区的气候特点，乌梁素海东部流域的四季设定分别是3—5月为春季，6—8月为夏季，9—11月为秋季，12月至次年2月为冬季。将11个站点逐月降水量按年际和季际求得平均值，分析乌梁素海东部流域降水量29年年际和季际变化趋势特征，如图6.1和图6.2所示。

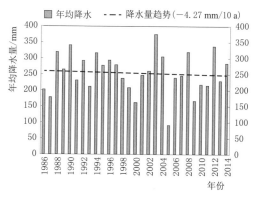

图6.1　乌梁素海东部流域年均降水量
及降水量趋势

由图6.1和图6.2可知，过去29年流域年降水量呈现不明显下降趋势（－4.27 mm/10 a），最小年为2005年（90.95 mm），年降水量最大年为2003年（375.75 mm）；四季降水量中，春季降水量呈不明显的增加趋势（0.17 mm/10 a），最小年为1993年（2.8 mm），最大年为1992年（94.40 mm）；夏季降水量呈较明显的减少趋势（－24.93 mm/10 a），最小年为2005年（68.33 mm），最大年为1990年（272.61 mm）；秋季降水量呈较明显的增加趋势（5.43 mm/10 a），最小年为1997年（11.08 mm），最大年为1995年（87.71 mm）；冬季降水量呈减少趋势（－1.24 mm/10 a），最小年为2011年（0.62 mm），最大年为1997年（16.19 mm）。夏季和冬季降水量同年降水量变化趋势相同，均呈减少趋势，且2005年夏季降水量和年降水量均为29年最低值。这与Rayah的研究相一致，认为2005年属于内蒙古中部和东部极度干旱年，由此造成了地表植被覆盖度较低，严重破坏了原本已经十分脆弱的干旱半干旱生态自然环境。另外值得注意的是，除夏季和冬季降水量外，年降水量和春季、秋季降水量最大值

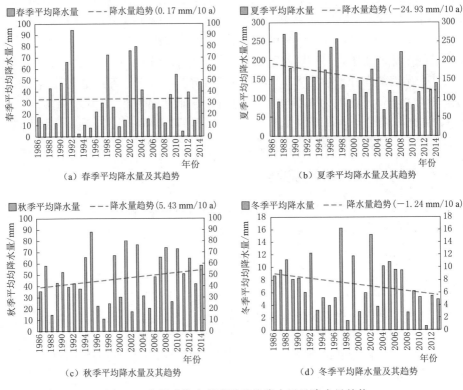

图 6.2　乌梁素海东部流域季均降水量及降水量趋势

和最小值出现年份均较为接近，根据白小娟等研究表明，在年际和季际降水量出现极值的年份里，均发生了厄尔尼诺事件，引起降水量较大波动。

为阐明不同站点年降水量和季降水量的变化趋势，逐一对其进行趋势分析，结果见表 6.2。

表 6.2　1986—2014 年各降水量站年和四季降水量趋势变化 （mm/10 a）

站点	春季	夏季	秋季	冬季	全年
广生隆	−2.22	−15.94	8.54	0.21	−15.83
大佘太	0.16	−12.70	6.70	−0.64	−11.60
苗二壕	14.18	−44.85	3.86	0.84	−37.33
黄土窑子	0.82	−66.68	3.03	−2.79	−79.90
哈德门沟	−0.46	−18.03	16.48	−2.72	−16.48
阿塔山	0.90	−35.59	9.73	−0.47	−10.68
东官牛犋	−0.17	−48.80	2.14	1.02	−37.20

续表

站点	春季	夏季	秋季	冬季	全年
十二分子	0.67	−21.86	3.17	−1.78	−18.39
前进	6.36	−9.16	14.20	0.32	12.56
模斯图	−4.85	−4.28	−1.27	−1.74	−12.13
东油房壕	4.99	−27.35	−2.46	0.16	−25.00

由表 6.2 可知，11 个站点春季和冬季降水量变化趋势并不明显，增加及减少趋势并存；各站点夏季降水量均呈减少趋势，具有高度一致性，最小值为苗二壕（−44.85mm/10a）；秋季降水量除了模斯图和东油房壕两站点以外，均呈增加趋势，最大值为哈德门沟（16.48mm/10a）；年降水量除前进站外，均呈减少趋势，最小值出现在黄土窑子（−79.90mm/10a）。

6.1.3　降水量变异指数分析

降水量变异指数（rainfall variability index）δ 常用来描述地区水汽状况，其公式为

$$\delta_i = (P_i - \mu)/\sigma \tag{6.1}$$

式中：δ_i 为第 i 年的降水量变异指数；P_i 为第 i 年的年降水量；μ、σ 分别为年降水量均值和标准差。

若 δ_i 的值为负，则第 i 年为干旱年。世界气象组织（WMO）对气候状况划分标准见表 6.3。

表 6.3　　　　　　　　　　降水量变异指数气候状况划分标准表

统计值	气候状况	统计值	气候状况
$P \leqslant \mu - 2\sigma$	极度干旱	$\mu - \sigma < P \leqslant \mu + \sigma$	正常
$\mu - 2\sigma < P \leqslant \mu - \sigma$	干旱	$P > \mu + \sigma$	湿润

基于 11 个水文及雨量站点 1986—2014 年的月降水量值，得到年降水量值，根据式（6.1），求得各站降水量变异指数，如图 6.3 所示。根据降水量变异指数将该地区气候状况分为极度干旱、干旱、正常和湿润，11 个降水量站气候状况分布如图 6.4 所示。

由图 6.3 可知，1986—2014 年存在 3 个持续干旱的时间段（降水量变异系数小于 0），分别为 1999—2001 年、2004—2006 年和 2009—2011 年，其他年份降水量变异系数则呈现正负交替，属于非持续干旱时段。在第 1 个干旱时间段（1999—2001 年），66.7% 的降水量站呈现干旱状况；第 2 个干旱时间段

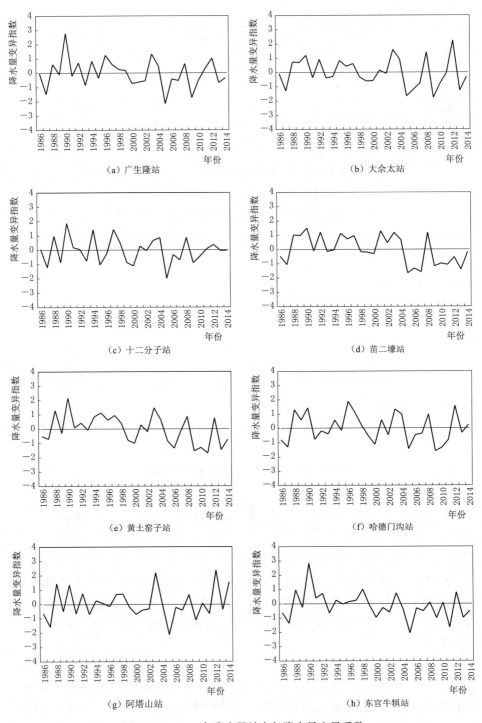

图 6.3（一）　各降水量站点年降水量变异系数

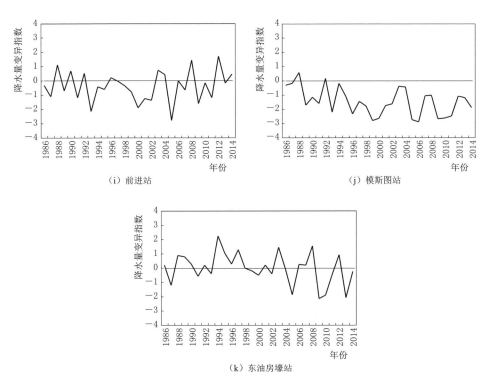

图 6.3（二） 各降水量站点年降水量变异系数

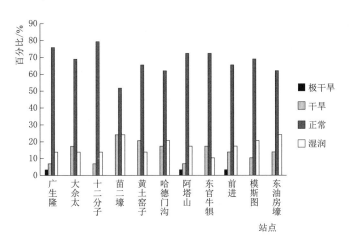

图 6.4 各降水量站点 29 年气候状况分布

（2004—2006 年），全部降水量站出现干旱状况，且广生隆站、阿塔山和前进站在 2005 年出现极干旱状况，年降水量分别仅为 100.6mm、151.4mm 和 61.1mm；第 3 个干旱时间段（2009—2011 年），83.3％的降水量站出现干旱状况。以上结果与白小娟统计近 50 年内蒙古降水量距平百分率分析结果相符，认为内蒙古地区在 1999 年、2001 年、2004 年、2005 年和 2006 年均发生了特大旱灾。

由图 6.4 可知，29 年研究期内，11 个降水量站点总体气候状况以正常为主，干旱气候次之，极端干旱气候较少。

6.2　降水序列趋势分析

通过对降水序列进行预白化处理后，利用 Mann-Kendall 趋势检验和 Spearman 秩次相关检验对近 30 年乌梁素海东部流域降水趋势进行分析，并通过 R/S 分析对未来时间段的变化趋势做出预测。

6.2.1　降水序列预白化处理

在对降水序列趋势进行显著性检验前，通过计算降水序列自相关性判断是否需要进行预白化处理，减少降水量数据序列相关性对分析结果的影响，提高降水量数据分析的独立性。具体步骤如下：

计算序列 x_i 一阶自相关系数 r_1，并在置信度为 95％水平下，采用双边检验对一阶自相关系数 r_1 进行显著性检验。

$$r_1 = \frac{\dfrac{1}{n-1}\sum_{i=1}^{n-1}\left[x_i - \mu(x_i)\right]\left[x_{i+1} - \mu(x_i)\right]}{\dfrac{1}{n}\sum_{i=1}^{n}\left[x_i - \mu(x_i)\right]^2} \tag{6.2}$$

$$\mu(x_i) = \frac{1}{n}\sum_{i=1}^{n} x_i \tag{6.3}$$

式中：$\mu(x_i)$ 为时间序列均值；n 为降水时间序列长度。

对于双边检验来说，置信度为 95％水平下一阶自相关系数 r_1 为

$$r_1(95\%) = \frac{-1 \pm 1.96\sqrt{n-2}}{n-1} \tag{6.4}$$

式中：n 为降水时间序列长度。

原假设 $H_0: r_1 = 0$，即序列相互独立。本研究时间序列长度 $n = 29$，即 r_1 在（−0.399，0.328）之间，若接受原假设，认为序列相互独立，不存在自相关性；若 r_1 超过检测区间，则拒绝原假设，认为序列具有自相关性，采取预置白方法剔除序列的自相关性。

$$X'_i = X_i - r_1 X_{i-1} \tag{6.5}$$

经式（6.5）产生的序列若不具有序列自相关性，可应用趋势检验方法进一步进行趋势显著性检验。

为消除序列自相关影响，计算出乌梁素海东部流域 11 个站点季降水数据的一阶序列自相关系数，结果见表 6.4。

表 6.4　　　　　　　　　　各站点季降水数据一阶自相关系数

站名	春季	夏季	秋季	冬季
广生隆	0.145	−0.149	−0.052	−0.017
大佘太	0.227	−0.030	−0.275	−0.381
苗二壕	0.368	0.022	−0.125	−0.207
黄土窑子	0.237	0.174	−0.344	−0.145
哈德门沟	0.125	0.030	−0.261	−0.113
阿塔山	0.040	0.058	0.062	−0.297
东官牛犋	0.185	0.011	−0.147	−0.211
十二分子	0.137	−0.009	−0.154	−0.162
前进	−0.004	−0.118	0.033	0.134
模斯图	0.211	0.035	0.148	−0.073
东油房壕	0.126	0.085	0.172	−0.202

由表 6.4 可知，11 个站点季降水时间序列都存在着正负一阶序列自相关性，一阶自相关系数的最大值为 0.368，出现在苗二壕站，同时超过 95% 置信水平，存在较显著自相关性；一阶自相关系数的最小值为 −0.381，出现在大佘太站，但并未超过 95% 置信水平。降水时间序列通过预白化处理，可去除显著的自相关性，减少由序列相关性导致的趋势判断误差，可为进一步开展 Mann-Kendall 趋势检验和 Spearman 秩次相关检验，提供更为可信的时间序列。

6.2.2　Mann-Kendall 趋势检验

Mann-Kendall 趋势检验原假设 H_0：对于具有 n 个样本的时间序列 $x_1, x_2, \cdots,$ x_n 相互独立，随机分布不存在显著上升或下降的趋势。对立假设 H_1：对于具有 n 个样本的时间序列 $x_1, x_2, \cdots, x_n$ 存在显著的上升或下降的趋势。构造变量 S：

$$S = \sum_{i=1}^{n-1} \sum_{j=i+1}^{n} \mathrm{sgn}(x_i - x_j) \tag{6.6}$$

式中：x_i、x_j 分别为第 i 年和第 j 年的数据，$i > j$；n 为时间序列的长度（记录个数）；$\mathrm{sgn}(x_i - x_j)$ 为信号函数。

$$\text{sgn}(\theta) = \begin{cases} 1 & x_i - x_j > 0 \\ 0 & x_i - x_j = 0 \\ -1 & x_i - x_j < 0 \end{cases} \tag{6.7}$$

当 $n > 10$ 时，构造标准正态分布统计量 Z_S：

$$\text{Var}(S) = \frac{n(n-1)(2n+5)}{18} \tag{6.8}$$

$$Z_S = \begin{cases} \dfrac{S-1}{\sqrt{\text{Var}(S)}} & S > 0 \\ 0 & S = 0 \\ \dfrac{S+1}{\sqrt{\text{Var}(S)}} & S < 0 \end{cases} \tag{6.9}$$

在给定的 α 置信水平上，如果 $|Z_S| \geqslant Z_{1-\alpha/2}$，则原假设是不可接受的，即在 α 置信水平上，该时间序列具有显著的上升或下降趋势。$Z_S > 0$，则序列具有上升或增加的趋势；$Z_S < 0$，则序列具有下降或减少的趋势。如果 Z_S 的绝对值等于或超过 1.28、1.64 和 2.32，则分别表示时间序列通过了置信度为 90%、95% 和 99% 的显著性趋势检验。

将基于研究区 11 个站点 1986—2014 年逐日降水量值，经过预白化处理后，采用 Mann-Kendall 趋势检验对春、夏、秋、冬四季及年际降水量趋势进行分析，统计结果见表 6.5。

表 6.5　1986—2014 年各降水量站四季和年降水量 Mann-Kendall 统计结果

站点	春季	夏季	秋季	冬季	全年
广生隆	−0.158	−1.185	1.264	1.021	−0.849
大佘太	0.296	−1.166	0.988	−0.792	−1.205
苗二壕	−0.906	−1.667*	1.250	0.165	−2.470**
黄土窑子	0.158	−2.272*	0.978	−1.230	−1.956*
哈德门沟	−0.059	−0.612	2.035*	−1.272	−0.553
阿塔山	0.138	−2.035*	1.205	−0.063	−0.257
东官牛犋	−0.023	−2.730*	1.181	0.277	−1.620
十二分子	0.364	−0.672	1.233	−0.146	−0.929
前进	1.520	−1.070	2.082*	−0.225	−0.506
模斯图	−0.732	−0.431	−0.206	−2.232*	−0.769
东油房壕	1.144	−2.270*	−0.244	−0.319	−1.519

注　* 表示通过置信度 95% 的显著性检验，** 表示通过置信度 99% 的显著性检验。

由表 6.5 可以得出以下结论：

（1）在季降水量水平上，11 个站点 29 年春季检验值各有正负，降水量趋势并不显著；夏季降水量检验值全部小于 0，即夏季降水量呈现减少趋势，其中苗二壕、黄土窑子、阿塔山、东官牛犋和东油房壕 5 个站通过置信度为 95％的显著性检验，减少趋势较显著；秋季降水量检验值除模斯图和东油房壕站外，其余 9 个站点全部大于 0，降水量呈增加趋势，其中哈德门沟和前进站通过置信度 95％的显著性检验，降水量增加趋势较显著；冬季检验值除 3 个站点（广生隆、苗二壕和东官牛犋）大于 0 外，其余 8 个站点均为小于 0，降水量总体呈减少趋势。

（2）年降水量水平上，11 个站点的年降水量检验值均小于 0，29 年来年降水量同夏季降水量一样呈现减少趋势；其中苗二壕站通过了置信度 99％的显著性检验，减少趋势极为显著；黄土窑子和哈德门沟站通过了置信度 95％的显著性检验，减少趋势较为显著；其他站点降水量减少趋势均不显著。

6.2.3 Spearman 秩次相关检验

Spearman 秩次相关检验（Spearman's Rho test）为常用于水文序列趋势分析和显著性检验的非参数检验方法之一，通过检验值 Z_D 对序列趋势进行判断：

$$Z_D = D\sqrt{\frac{n-2}{1-D^2}} \tag{6.10}$$

$$D = 1 - \frac{6\sum_{i=1}^{n}\left[R(x_i)-i\right]^2}{n(n^2-1)} \tag{6.11}$$

式中：$R(x_i)$ 为第 i 个观测降水量 x_i 在降水量序列中的秩次；n 为降水时间序列长度。

Spearman 秩次相关检验值中，若 Z_D 的值为正，则序列具有增加或上升的趋势，反之若 Z_D 的值为负，则序列具有减少或下降的趋势。本书时间序列样本数量为 29 个，如果 Z_D 的绝对值等于或超过 0.312 和 0.368，则分别表示序列通过了置信度为 95％和 99％的显著性趋势检验。

为进一步明确研究区 29 年降水趋势，将 11 个站点 1986—2014 年季节及年降水量数据进行 Spearman 秩次相关检验，结果见表 6.6。

表 6.6   1986—2014 年各降水量站四季和年降水量 Spearman
秩次相关检验统计结果

站点	春季	夏季	秋季	冬季	全年
广生隆	−0.062	−0.178	0.273	0.129	−0.161
大佘太	0.064	−0.195	0.166	−0.159	−0.181

续表

站点	春季	夏季	秋季	冬季	全年
苗二壕	−0.349	−0.474*	0.316	0.023	−0.464**
黄土窑子	0.005	−0.441*	0.024	−0.224	−0.388*
哈德门沟	−0.033	−0.172	0.450*	−0.301	−0.120
阿塔山	0.018	−0.417*	0.227	−0.016	−0.101
东官牛犋	−0.011	−0.530*	0.315	0.053	−0.328
十二分子	0.042	−0.185	0.241	−0.005	−0.192
前进	0.358	−0.163	0.443*	0.063	−0.138
模斯图	−0.113	−0.107	−0.060	−0.408*	−0.163
东油房壕	0.198	−0.406*	−0.021	−0.015	−0.284

注　*表示通过置信度95%的显著性检验，**表示通过置信度99%的显著性检验。

表6.6 Spearman秩次相关检验结果与表6.5 Mann-Kendall非参数检验结果较为一致，即用两种非参数趋势检验方法得到的11站点降水趋势相同。

6.2.4　R/S分析

R/S分析作为一种非线性的科学预测方法，在近年分析研究中得到广泛应用。R/S法可基于前一时间段时间序列，通过线性回归，计算得出未来时间段的赫斯特指数（Hurst），根据该指数，能够从定性的角度认识时间序列过去和未来是否存在相同或相反的变化特征，从而揭示后一时间段序列的变化分形特征，对时间序列未来的发展变化做出预测，其计算原理为：给定一个时间序列$\{\xi(t)\}$，$t=1,2,\cdots$，对任意的正整数$\tau \geqslant 1$，定义均值序列为

$$\langle \xi \rangle_\tau = \frac{1}{\tau} \sum_{t=1}^{\tau} \xi(t) \quad \tau = 1,2,\cdots \tag{6.12}$$

累积离差为

$$X(t,\tau) = \sum_{u=1}^{t} \left[\xi(u) - \langle \xi \rangle_\tau \right] \quad 1 \leqslant t \leqslant \tau \tag{6.13}$$

差为

$$R(\tau) = \max_{1 \leqslant t \leqslant \tau} X(t,\tau) - \min_{1 \leqslant t \leqslant \tau} X(t,\tau) \quad \tau = 1,2,\cdots \tag{6.14}$$

标准差为

$$S(\tau) = \left[\frac{1}{\tau} \sum_{t=1}^{\tau} \left[\xi(t) - \langle \xi \rangle_\tau \right]^2 \right]^{\frac{1}{2}} \quad \tau = 1,2,\cdots \tag{6.15}$$

比值$R(\tau)/S(\tau)$即R/S，存在随时间变化呈幂律变化趋势时，则时间序列

$\{\xi(t)\}$，$t = 1,2,\cdots$，存在 Hurst 现象，其中幂指数就是赫斯特指数（Hurst）。

赫斯特指数（Hurst）的不同数值代表不同的意义，如果 $H = 0.5$，表明时间序列是完全独立的，没有相关性或只是短程相关；在后一个时间段赫斯特指数 $H > 0.5$ 时，那么未来的变化状况与该序列相同，即持续性；如果后一个时间段赫斯特指数 $H < 0.5$ 时，那么未来的变化状况与该序列相反，即反持续性。通过 Hurst 指数可以判断时间序列隐含的系统演化趋势。当时间序列足够长时，Hurst 指数亦可通过功率谱分析计算，但当时间序列较短时，只能采用 R/S 分析计算得出。将 11 个站点 1986—2014 年季节及年降水量数据进行 R/S 分析，结果见表 6.7。

表 6.7   **1986—2014 年各降水量站四季和年降水量 R/S 检验统计结果**

站点	春季	夏季	秋季	冬季	全年
广生隆	0.457	0.577	0.496	0.578	0.503
大佘太	0.477	0.574	0.514	0.502	0.483
苗二壕	0.610	0.543	0.490	0.512	0.617
黄土窑子	0.518	0.675	0.432	0.496	0.632
哈德门沟	0.445	0.553	0.597	0.541	0.486
阿塔山	0.466	0.599	0.621	0.419	0.472
东官牛犋	0.513	0.534	0.563	0.522	0.517
十二分子	0.487	0.507	0.526	0.514	0.523
前进	0.517	0.547	0.598	0.583	0.444
模斯图	0.529	0.437	0.615	0.518	0.519
东油房壕	0.450	0.574	0.524	0.508	0.560

由表 6.7 可知，对于 11 个站点而言，春季降水量赫斯特指数大于 0.5 和小于 0.5 各接近一半，整体趋势并不明显；夏季降水量赫斯特指数，除模斯图外，其余 10 个站点全部大于 0.5，显示后一时间段降水序列趋势同前一时间段相同，过去 29 年乌梁素海东部流域夏季降水量呈减少趋势，所以未来一个时间段夏季降水量仍将呈现下降趋势；秋季降水量赫斯特指数，除广生隆、苗二壕和黄土窑子等 3 个站点外，其余 8 个站点也全部大于 0.5，显示后一时间段降水序列趋势同前一时间段相同，为增加趋势；冬季降水量赫斯特指数，除黄土窑子和阿塔山等两个站点外，其余 9 个站点全部大于 0.5，降水量未来时间段与过去时间段同样呈减少趋势；年降水量赫斯特指数表明，未来时间段总体趋势同夏季降水量趋势相同，呈现减少趋势。闫宾等在研究内蒙古近

30 年降水气象变化后，认为内蒙古地区夏季降水量的变化趋势往往会决定年际降水量的变化趋势。

6.3　降水序列突变分析

降水量变化分析不仅包括降水量的连续变化分析，即降水趋势分析，还包括降水量不连续变化，即降水突变分析。本研究选用气象组织推荐的 Mann-Kendall 非参数检验对研究区降水量进行季际和年际的突变检验，通过总结 29 年研究区降水量突变规律并结合上文对降水趋势的分析，可为地区水文水资源调控提供科学依据。

Mann-Kendall 非参数检验既可以对水文时间序列进行连续变化趋势分析，也可进行不连续变化突变分析。当 Mann-Kendall 检验用于检验序列突变时，需构造一秩序列：

$$S_k = \sum_{i=1}^{n-1} \sum_{j=i+1}^{n} a_{ij} \quad k = (2,3,4,\cdots,n) \tag{6.16}$$

$$a_{ij} = \begin{cases} 1 & x_i > x_j \\ 0 & x_i \leqslant x_j \end{cases} \quad 1 \leqslant j \leqslant i \tag{6.17}$$

定义统计变量：

$$UF_k = \frac{|S_k - E(S_k)|}{\sqrt{\mathrm{Var}(S_k)}} \quad k = 1,2,3,\cdots,n \tag{6.18}$$

公式中：

$$E(S_k) = \frac{k(k+1)}{4} \tag{6.19}$$

$$\mathrm{Var}(S_k) = \frac{k(k-1)(2k+5)}{72} \tag{6.20}$$

UF_1 是标准正态分布函数，给定显著性水平 α，如果 $|UF_1| > U_{\alpha/2}$，则说明序列存在显著的趋势变化特征。将时间序列 x 按逆序排列的方式，再按照上述公式进行计算，并且要求：

$$\begin{cases} UB_k = -UF_k \\ k = n+1-k \end{cases} \quad k = 1,2,\cdots,n \tag{6.21}$$

将 UF_k 和 UB_k 绘成曲线，若 UF_k 的值大于 0，则说明序列显示上升趋势；UF_k 小于 0 则说明序列显示下降趋势；若曲线超过临界线时，说明序列上升或下降趋势显著。如果 UF_k 和 UB_k 两条曲线出现交点，且交点位于临界线之间，则交点所对应的时间点即为发生突变的时刻。

整理乌梁素海东部流域 1986—2014 年季际和年际降水量，利用 Matlab 软

件，得到 29 年来研究区季际（图 6.5）和年际（图 6.6）Mann-Kendall 非参数
检验 UF-UB 统计曲线，其中 UF 为实线，UB 为虚线。

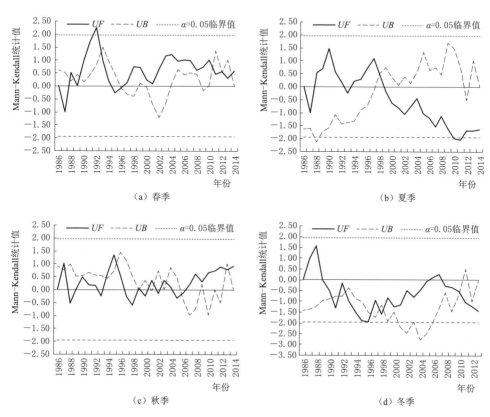

图 6.5 乌梁素海东部流域季降水量 Mann-Kendall 统计 UF-UB 曲线

由图 6.5 可知：①1986—1988 年，乌梁素海东部流域春、夏季降水量减少，
秋、冬季降水量增加，且季降水量增加或减少趋势并不明显；②对春季而言，
1989—1994 年降水量逐年增加，且 1991 年超过 95％置信度检验，增加趋势较显
著，1995—1996 年降水量呈现减少趋势，此后 1997—2014 年降水量呈逐年增加
趋势；③对夏季而言，除 1993 年降水量减少外，1989—1997 年降水量均呈逐年
增加趋势，从 1997 年开始曲线相交发生突变，降水量逐年减少；④对秋季而
言，同夏季相似，除 1993 年降水量减少外，1990—1996 年降水量呈逐年增加趋
势，1997—2006 年降水量趋势并不明显，从 2007 年开始曲线相交发生突变，降
水量逐年增加；⑤对冬季而言，1990—2014 年降水量总体呈逐年减少，只在
2005—2006 年有小幅增加趋势，且在 1996 年曲线超过 95％信度检验，减少趋势
较显著。

由图 6.6 可以得出：就年降水量而言，1986—1988 年呈逐年减少趋势，1989—1999 年呈逐年增加趋势，2000—2003 年降水量有一定波动趋势不明显，2004 年两曲线相交，并且由图 6.1 可知，在 2003 年年降水量为 29 年中最大值，2005 年年降水量为 29 年中最小值，降水量在 2004 年发生突变，2004—2014 年降水量呈逐年减少趋势。

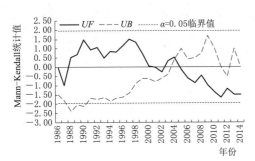

图 6.6　乌梁素海东部流域年降水量
Mann-Kendall 统计 UF-UB 曲线

通过对乌梁素海东部流域 11 个站点 1986—2014 年月、季和年降水量进行统计分析、两种非参数检验（Mann-Kendall 趋势检验和 Spearman 秩次相关检验）趋势分析和 R/S 分析后得出：降水在各月分配极不均衡，且暴雨比较集中，山区降水量变化较大；两种非参数检验结果一致，春季降水量趋势不明显；夏季和冬季降水量变化趋势相同，呈减少趋势；秋季降水量呈增加趋势；年降水量同夏季降水量变化趋势相同，呈减少趋势，苗二壕站减少趋势极为显著，黄土窑子站和哈德门沟站减少趋势较为显著，且 2005 年为近 29 年来降水量最少年；未来流域四季和年降水量变化趋势，除春季无法确定外，均将同前一时间段相同。

通过 Mann-Kendall 非参数突变检验对流域四季和年降水量进行突变分析的结果表明：春季和冬季突变不明显；夏季从 1997 年明显突变，此后降水量逐年减少；秋季从 2007 年开始发生突变，降水量逐年增加；年降水量在 2004 年发生突变，2004—2014 年降水量呈逐年减少趋势。

6.4　基于 *SPI* 指数的干旱特征空间分布分析

6.4.1　降水量空间分布分析

基于 11 个站点 1986—2014 年降水量摘录及日降水量，采用多时段泛克里格法，将流域降水量数据插值为 5 km×5 km 格网数据，统计格网交叉点四季及多年平均降水量，绘制流域四季及多年平均降水量空间分布，如图 6.7 和图 6.8 所示。

由图 6.7 和图 6.8 可知，流域多年平均季降水量和年降水量均呈东高西低的趋势，中西部平原区降水量小于东部和南部山区，并且季和年降水量最大值均出现在流域东南部黄土窑子河和黑水壕河上游，降水量最小值出现在流域中部

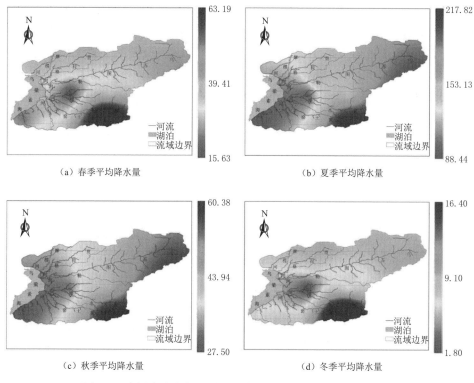

（a）春季平均降水量　　　　　　　　（b）夏季平均降水量

（c）秋季平均降水量　　　　　　　　（d）冬季平均降水量

图 6.7　乌梁素海东部流域四季降水量空间分布（单位：mm）

地区。这正是由于内蒙古中西部内陆地区降水主要受夏季风的影响，乌拉山山脉对于夏季风产生阻挡，加之湿润气流的抬升作用，水汽在山前迅速凝结产生降水。该结果与闫宾对于内蒙古阴山山区降水量及其最大值均高于平原区的结论相符。夏季和秋季降水量空间分布和年际降水量空间分布基本一致，年降水量最大值为 320mm（＜400mm），最小值为 145mm（＜200mm），体现了整个研究区作为我国西北地区干旱半干旱气候的特性。

图 6.8　乌梁素海东部流域年降水量
空间分布（单位：mm）

6.4.2　不同时间尺度干旱特征空间分析

干旱根本上是因为水资源短缺造成的，但对于不同研究目的，对干旱也具有不同的定义方式，相应也有不同的指标和特征值来对干旱进行评价。气象干旱是最基本的干旱，主要考虑降水、温度和湿度等气象参数变化，其他干旱类型均是从气象干旱发展演变而成，而标准化降水指数能够反映不同时间尺度下由降水变化引起的干旱问题，并且能够评价干旱的严重等级。因此，本研究集中讨论由 SPI 指数表征的不同时间尺度干旱对乌梁素海东部流域的影响。

SPI 指数假设降水服从伽马分布，其概率密度函数 $g(x)$ 为

$$g(x) = \frac{1}{\beta^a \Gamma(\alpha)} x^{\alpha-1} e^{-x/\beta} \quad x > 0 \tag{6.22}$$

$$\Gamma(x) = \int_0^\infty x^{\alpha-1} e^{-x} dx \tag{6.23}$$

式中：x 为降水量；$\Gamma(\alpha)$ 为伽马函数；α 为形状参数；β 为尺度参数。

α、β 可由最大似然值计算得出：

$$\alpha = \frac{1 + \sqrt{1 + 4A/3}}{4A}, \quad \beta = \frac{x}{\alpha} \tag{6.24}$$

$$A = \ln \bar{x} - \frac{\sum \ln x}{n} \tag{6.25}$$

式中：n 为计算序列的长度。

累积概率 $G(x)$ 为

$$G(x) = \int_0^x g(x) dx = \frac{1}{\beta^a \Gamma(x)} \int_0^x x^{\alpha-1} e^{-x/\beta} dx \tag{6.26}$$

令 $t = x/\beta$，则上式可变为

$$G(x) = \frac{1}{\Gamma(\alpha)} \int_0^x t^{\alpha-1} e^{-t} dt \tag{6.27}$$

由于上式中并不包括 $x = 0$ 的情况，而实际中降水量可以为 0，因此重新定义累积概率为

$$H(x) = q + (1-q)G(x) \tag{6.28}$$

式中：$q = m/n$，为降水量为 0 的概率，m 为降水为 0 的数量，n 为计算序列的长度。

将累积概率转化为标准正态分布函数如下：

$$SPI = \begin{cases} -\left(t - \dfrac{c_0 + c_1 t + c_2 t^2}{1 + d_1 t + d_2 t^2 + d_3 t^3}\right), t = \sqrt{\ln \dfrac{1}{[H(x)]^2}} & 0 < H(x) \leqslant 0.5 \\ +\left(t - \dfrac{c_0 + c_1 t + c_2 t^2}{1 + d_1 t + d_2 t^2 + d_3 t^3}\right), t = \sqrt{\ln \dfrac{1}{[1 - H(x)]^2}} & 0.5 < H(x) \leqslant 1.0 \end{cases} \tag{6.29}$$

其中系数 $c_0 = 2.515517$，$c_1 = 0.802853$，$c_2 = 0.010328$，$d_1 = 1.432788$，

$d_2 = 0.189269$ ，$d_3 = 0.001308$。

SPI（1 月）可反映短期干旱变化特征，SPI（3 月、6 月、12 月）可反映中长期干旱变化特征。本研究选取 1 月、3 月、12 月时间尺度的 SPI 值分别用于描述短、中、长时间尺度的干旱特征。

现今对于一次水文干旱过程，通常可用干旱历时 D、干旱严重度 S 和干旱大小 M 共 3 个特征变量来描述，并且三者之间具有一定的关系，已知其中两个即可推出另外一个：

$$S = DM \qquad (6.30)$$

根据我国干旱普遍具有干旱历时长，干旱严重程度高的特点，本研究基于干旱历时和干旱严重度两个干旱特征值对乌梁素海东部流域 29 年干旱事件进行识别刻画。为最大限度地减少干旱对地区环境的影响，选取 -0.5 作为干旱事件识别阈值，当 $SPI < -0.5$ 时，干旱历时 D 即被识别为满足上述阈值准则的 SPI 连续序列，干旱严重度 S 定义为干旱历时中 SPI 的累积量。

$$S = -\sum_{i=1}^{D} SPI_i < -0.50 \qquad (6.31)$$

为了方便结果计算，规定所有的干旱严重度 S 乘以 -1 转换为正值。

对于每个格点数据，可由研究时段中发生干旱事件的次数求出该点的平均干旱历时和平均干旱严重度。

$$S_{avg} = \frac{\sum_{i=1}^{N} S_i}{N} ; D_{avg} = \frac{\sum_{i=1}^{N} D_i}{N} \qquad (6.32)$$

式中：N 为研究时段内观测到的干旱事件总数。

图 6.9 给出了时间尺度为 1 个月、3 个月和 12 个月（分别由 SPI-1、SPI-3 和 SPI-12 表示）流域干旱历时 [图 6.9（a）] 和干旱严重度 [图 6.9（b）]。

根据图 6.9 中 3 个时间尺度两种干旱特征值空间分布结果可知，短历时干旱主要发生于流域中部乌苏图勒河中下游及东南部黑水壕河、黄土窑子河上游地区，长历时干旱主要见于流域西北部乌苏图勒河中上游及贾拉格河中上游。并且对比图 6.9（a）和图 6.9（b）可知，3 个时间尺度平均干旱严重度和平均干旱历时空间分布情况基本一致。对于 1 个月短时间尺度干旱而言，在流域中部及东南部黑水壕河和黄土窑子河中上游同时出现干旱历时和干旱严重度的最大值；对于 3 个月及 12 个月中、长时间尺度而言，流域北部乌苏图勒河流域及贾拉格河上游流域同时出现干旱历时和干旱严重度的最大值。综合而言，乌梁素海东部流域中部和东南部易发生短期干旱，而北部乌苏图勒河流域及贾拉格河上游流域则易发生长期持续干旱。

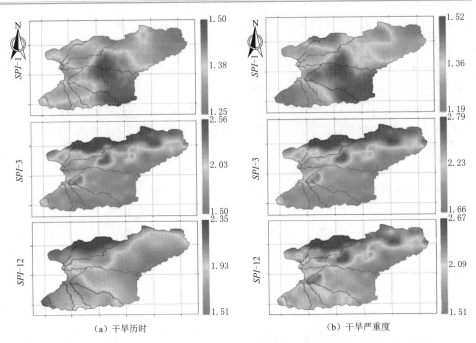

（a）干旱历时　　　　　　　　　　（b）干旱严重度

图 6.9　研究区 1 月、3 月、12 月 3 种尺度 SPI 干旱历时和干旱严重度分布

6.4.3　干旱特征值 Mann-Kendall 趋势分析

基于研究区 5 km×5 km 格网点月时间尺度标准化降水指数干旱历时 D 和干旱严重度 S 等特征值计算结果，两特征值 Mann-Kendall 检验的空间分布如图 6.10 所示。

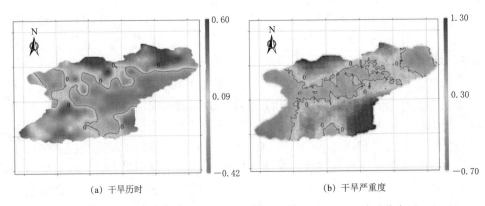

（a）干旱历时　　　　　　　　　　（b）干旱严重度

图 6.10　研究区干旱历时及干旱严重度 Mann-Kendall 检验分布

由图 6.10 可知，乌梁素海东部流域干旱历时及干旱严重度的值 Mann-Kendall 检验值均未超过 ±1.96 的显著值，即整个研究区干旱历时及干旱严重度随

时间变化趋势均不显著。结合 Mann-Kendall 检验性质，检验值大于 0 序列为增加趋势，反之序列为减少趋势，由图 6.10（a）可知，研究区 64.3% 地区干旱历时 Mann-Kendall 检验值大于 0，属干旱历时持续增加地区；由图 6.10（b）可知，研究区 71.8% 地区干旱严重度 Mann-Kendall 检验值大于 0，属干旱严重度持续增加地区。对于流域北部乌苏图勒河、贾拉格河上游以及东南部黑水壕河、黄土窑子河上游，干旱历时和干旱严重度均同时呈增加趋势，也就是说，由干旱特征值所表征的干旱过程在流域北部和东南部流域上游山区呈持续增加趋势，而贾拉格河下游和乌苏图勒河中游由于靠近湖泊湿地和大佘太水库库区湿地干旱历时和干旱严重度均呈减少趋势，干旱现象在这两个地区并不显著。

6.5　小结

（1）乌梁素海东部流域季降水量和年降水量分布呈东高西低的趋势，中西部平原区降水量小于东部和南部山区，并且季和年降水量最大值均出现在流域东南部黄土窑子河和黑水壕河上游，降水量最小值出现在流域中部地区，夏季和秋季降水量空间分布和年降水量空间分布基本一致。

（2）根据 3 个时间尺度标准化降水指数划分的干旱历时和干旱严重度两个干旱特征值的空间分布结果，得出短历时干旱主要发生于流域中部乌苏图勒河中下游及东南部黑水壕河、黄土窑子河上游地区，长历时干旱主要见于流域西北部乌苏图勒河中上游及贾拉格河中上游。

（3）基于干旱特征值趋势变化可知，东部流域干旱历时及干旱严重度随时间变化趋势均不显著，流域北部和东南部上游山区干旱特征值呈持续增加趋势，而贾拉格河下游和乌苏图勒河中游靠近湖泊湿地和大佘太水库库区湿地干旱特征值呈减少趋势。

参　考　文　献

［1］　徐宗学，张楠．黄河流域近 50 年降水变化趋势分析［J］．地理研究，2006，25（1）：27-34.

［2］　曾燕．黄河流域实际蒸散发分布式模型研究［D］．北京：中国科学院，2004.

［3］　Rayah E A E, Constantinou C, Cloudsley-Thompson J L. Response of vegetation activity dynamic to climatic change and ecological restoration programs in Inner Mongolia from 2000 to 2012［J］. Ecological Engineering, 2015, 82（4）: 276-289.

［4］　白小娟，赵景波．厄尔尼诺/拉尼娜事件对内蒙古自治区气候的影响［J］．水土保持通报，2012，32（6）：245-249.

［5］　Milan Gocic, Slavisa Trajkovic. Analysis of precipitation and drought data in Serbia over the period 1980 – 2010 [J]. Journal of Hydrology, 2013, 494: 32 – 42.

[6] Storch H V, Navarra A. Analysis of climate variability: Application of statistical techniques [M]. Springer Berlin Heidelberg, 1995.

[7] 冉大川, 姚文艺, 焦鹏, 等. 黄河上游头道拐站年径流输沙系列突变点识别与综合诊断 [J]. 干旱区研究, 2014, 31 (5): 928 – 936.

[8] 高振荣, 田庆明, 刘晓云, 等. 近 58 年河西走廊地区气温变化及突变分析 [J]. 干旱区研究, 2010, 27 (2): 194 – 203.

[9] 王双银, 谢萍萍, 穆兴民, 等. 松花江干流输沙量变化特征分析 [J]. 泥沙研究, 2011, 4: 67 – 72.

[10] 钟永华, 鲁帆, 易忠, 等. 密云水库以上流域年径流变化趋势及周期分析 [J]. 水文, 2013, 33 (6): 81 – 84.

[11] 祖丽皮耶·穆合合尔. 乌鲁木齐市近 60 年来的气候变化特征 (1951—2008) [D]. 上海: 上海师范大学, 2012.

[12] 于延胜, 陈兴伟. R/S 和 Mann-Kendall 法综合分析水文时间序列未来的趋势特征 [J]. 水资源与水工程学报, 2008, 19 (3): 41 – 44.

[13] 闫宾. 内蒙古大气可降水量气候特征及其变化研究 [D]. 兰州: 兰州大学, 2013.

[14] 赵芳芳, 徐宗学. 黄河兰州以上气候要素长期变化趋势和突变特征分析 [J]. 气象学报, 2006, 64 (2): 246 – 255.

[15] 康淑媛, 张勃, 柳景峰, 等. 基于 Mann-Kendall 法的张掖市降水量时空分布规律分析 [J]. 资源科学, 2009, 31 (3): 501 – 508.

[16] Qin Y, Yang D W, Lei H M, et al. Comparative analysis of drought based on precipitation and soil moisture indices in Haihe basin of North China during the period of 1960 – 2010 [J]. Journal of Hydrology, 2015, 526: 55 – 67.

[17] 袁旭琦. 水文干旱指标建立与干旱频率计算方法研究 [D]. 太原: 太原理工大学, 2014.

[18] 陆桂华, 闫桂霞, 吴志勇, 等. 近 50 年来中国干旱化特征分析 [J]. 水利水电技术, 2010, 41 (3): 78 – 82.

[19] Kadri Y. Impact of climate variability on precipitation in the Upper Euphrates-Tigris Rivers Basin of Southeast Turkey [J]. Atmospheric Research, 2015, 154: 25 – 38.

第7章 乌梁素海东部流域河湖关系

　　河湖水系是陆地水循环系统的重要组成部分，是水资源形成与演化的主要载体，也是生态环境保护的关键构成要素，二者关系的演变和调整对维持健康河湖关系具有重要意义。河湖连通关系是指河湖之间有水系连通和水力联系，存在着水量、溶解物质、悬浮物、污染物等物质交换，也称为"量质交换"，其是自然河湖连通关系演变的基本途径与直接动力，径流携带溶解物质、泥沙和污染物等物质注入湖泊，经湖泊调蓄后流出，水流对所经之地产生或冲或淤作用，出现冲淤变化，洪枯季水位、流量等来水来沙条件不同，水流的动力条件就不同，水流挟沙能力亦不同，以致湖区的冲淤变化差异明显，使河湖连通关系缓慢演变，同时也实现了河湖之间相互作用，加之入湖径流的水沙条件长期趋势性变化将会影响过流性湖泊冲淤演变趋势。

　　地质地貌（地震、火山活动、地貌演化等）、水文气候（流量、流速、降水量等）、河流作用（侵蚀、搬运和淤积）以及湖盆演化（洪水冲刷、泥沙淤积和生物作用等），均能引起河湖水动力和水沙条件变化，促使河湖水沙等"量质交换"过程发生变化，影响河湖系统演变。地质地貌决定着径流溶质和含沙量的大小，气候变化会引起径流量的变化，是河湖水沙变化的主要原因之一；河流的输沙量与径流量紧密相关，尤其是暴雨引起的洪水对输沙量和河湖水沙变化影响很大；水文气候因素还影响着湖泊水位的季节变化和长期趋势性变化；河流作用能刺激河槽性状发生变化，如使河底或湖底高程改变、深槽摆动，而地形的改变反过来又使原来水流结构（水位、流速、流量等性质）发生改变，从而影响河湖水沙等"量质交换"过程。除自然因素外，人类活动如植被破坏、围湖造田、水土保持、退田还湖、河道挖沙、裁弯取直、建设水坝等亦可在某种程度上改变天然径流的含沙量和输沙率，从而影响河湖之间的"量质交换"过程。

　　乌梁素海东部流域河湖系统演化也遵循一定的自然规律，同时又受到人类活动的干扰，系统中存在着物质流（水、溶解物质、泥沙、生物、污染物等）、能量流（水位、流量、流速等）、信息流（随水流、生物和人类活动而产生的信息等）和价值流（航运、发电、饮用和灌溉等）的变化，在自然和人为干扰（各类水利工程）的条件下，诸种"流"以河湖水系连通为纽带，进行着河湖之间的水沙等"量质交换"，实现河湖相互作用，成为系统演化的动力与条件。

7.1　降水量及蒸发量对湖泊水量的影响

由于乌梁素海湖区及周边未设气象监测站点，本研究使用湖区出水口的乌拉特前旗气象站监测资料代表乌梁素海进行分析。整理乌梁素海 1957—2014 年平均降水量、蒸发量、气温的变化过程及其趋势线如图 7.1 所示。

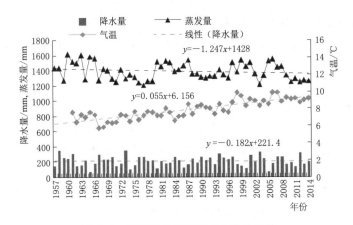

图 7.1　乌梁素海气象因子及线性趋势

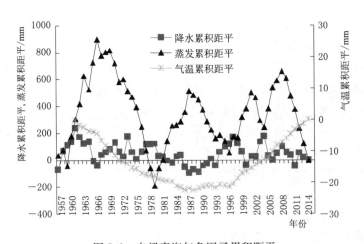

图 7.2　乌梁素海气象因子累积距平

由图 7.1 可以看出，近 50 年来，乌梁素海降水量呈微幅减少趋势（减少梯度为 0.18mm/a），蒸发呈小幅减少趋势（减少梯度为 1.25mm/a），而气温呈明显的上升趋势（上升梯度为 0.06℃/a）。图 7.2 中降水累积距平与蒸发累积距平呈现相反的变化趋势，20 世纪 60 年代初期湖泊出现普遍降水高值，为 50 年来最大值，之后的降水在波动中逐渐减少，直至 80 年代末期，降水逐渐增加并趋于平稳；60 年代中期为湖泊蒸发高值时期，为近 50 年来的最大值，其后在波动中逐渐减少；气温呈现先减少后增加的趋势，60 年代至 80 年代中期气温普遍偏低，其后呈现稳定的增加趋势。

总体而言，近 50 年来随着气温不断升高，乌梁素海降水量及水面蒸发量均呈现微幅或小幅的减少，这两部分水量变化对乌梁素海水量变化的影响甚微。

7.2　径流量及引黄水量对湖泊水量的影响

乌梁素海东部流域分布有 4 条入湖河流，其中仅有黄土窑子河的汛期暴雨能够直接补给乌梁素海水量，其余 3 条河流（贾拉格河、乌苏图勒河、黑水壕河）由于受上游水利工程建设及气候变化的影响，径流尚未流入乌梁素海即已干涸。为了深入说明流域干旱及干旱条件下水利工程对湖泊的影响，本研究绘制了乌苏图勒河上游大余太水库实测流量及黄土窑子河计算流量过程线，如图 7.3 所示。由于黄土窑子河无流量监测站点，流量计算结果根据博士论文"干旱区草型浅水湖泊近代演变研究——以乌梁素海为例"中相关流量演算方法进行计算。

由图 7.3 可知，自 20 世纪 80 年代修建大余太水库以来，为了满足乌苏图勒河两岸用水需求，河流上游截留水量逐年递增，这也导致 2001 年以后连续 7 年下游断流，加之流域干旱的影响，河流无任何入湖水量补给乌梁素海。黄土窑子河未修建任何水利工程，是唯一入流补给乌梁素海的河流，但随着流域干旱过程的不断发展，径流量同样呈现出明显的减少趋势，

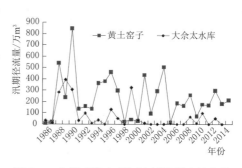

图 7.3　乌梁素海东部河流汛期径流量变化

其中 1990 年径流量最大，2005 年径流量最小，这无疑使得湖泊天然清洁补给水量更显稀缺。

自 2003 年来，政府为了缓解乌梁素海富营养化并控制黄藻的爆发，通过河套灌区主干渠、长济渠、通济渠和塔布渠在灌溉间隙期及凌汛期引黄入海，引黄水量如图 7.4 所示。

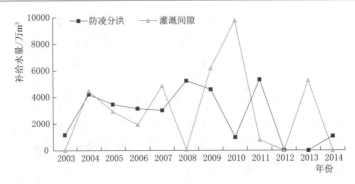

图 7.4　2003—2014 年乌梁素海引黄水量

　　然而，由于水资源调配及黄河水量指标分配的影响，乌梁素海历年生态补水量的大小无规律可循，引水量最大值为 $10.8 \times 10^7 \, \text{m}^3$，最小值为 $1.0 \times 10^5 \, \text{m}^3$。换而言之，如果不断发展的流域干旱导致湖泊入流补给水量不断减少甚至为零，必然需增加额外的黄河引水量来填补这部分水量的空缺，甚至需要更多水量来缓减乌梁素海的富营养化及黄藻频发的问题。根据金相灿等对乌梁素海的多年统计资料，农田退水占乌梁素海入湖水量的 79.7%，山洪补给水量占入湖水量的 10%～15%，出湖水量的 63.5% 是靠蒸发作用，27.5% 是通过总排干退水渠进行排泄。

7.3　东部流域产沙对乌梁素海淤积形态的影响

7.3.1　乌梁素海淤积形态的变化

　　黄土窑子流域的产流主要受自然地理条件的控制，而人类活动影响较小，该流域的径流量通过黄土窑子河直接通往乌梁素海，当暴雨形成洪水时，黄土窑子河携带的泥沙在乌梁素海东南部边界产生淤积，从而导致乌梁素海水域面积的减少。乌梁素海与黄土窑子流域的位置如图 7.5 所示。

　　根据 1986—2015 年各年的卫星影像数据，可以清晰地看出乌梁素海东南部边界受河流冲淤影响较为严重，尤其在黄土窑子河入乌梁素海处更加明显。图 7.6 给出了乌梁素海东部边界自 1986 年以来局部淤积变化的演化过程。其中以 1986 年乌梁素海东部边界线为初始参考界线，其余各年的淤

图 7.5　乌梁素海与黄土窑子相对位置示意

积变化都是以 1986 年为基础进行比较分析的。

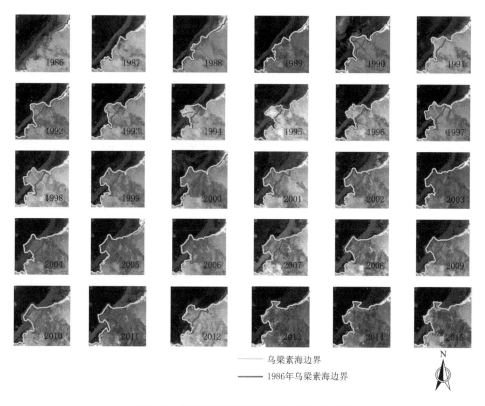

图 7.6　乌梁素海局部淤积形态的变化过程

　　由图 7.6 可以直观地看出,自 1986 年以来,黄土窑子河在乌梁素海入口处淤积面积呈逐年增加的趋势。利用 ENVI 对 1986—2015 年淤积面积进行解译,得到黄土窑子河入乌梁素海局部范围的淤积面积变化,如图 7.7 所示。

　　根据图 7.7 可以看出,自 1986 年以来,淤积面积变化明显的年份分别为 1987—1988 年、1989—1990 年、1992—1994 年、1996—1997 年、2009—2010 年、2011—2013 年。总体上,1986—2015 年间乌梁素海东部边界局部淤积面积逐年呈现波动增加趋势,至 2013 年达到最大值,之后淤积面积变化稳定。

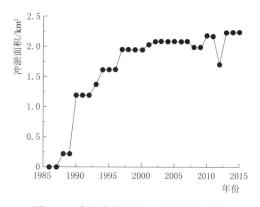

图 7.7　乌梁素海淤积面积的变化曲线

7.3.2　乌梁素海淤积面积变化与流域输沙量的关系

通过对比乌梁素海淤积面积变化明显的年份与黄土窑子流域发生暴雨洪水的年份，可以清晰看出，流域暴雨洪水发生的年份也是乌梁素海局域淤积面积大的年份。因此，为进一步明确说明乌梁素海东南部边界局部淤积变化与黄土窑子流域出口输沙量之间的对应关系，我们绘制了黄土窑子流域出口处的输沙量与相邻年淤积面积差值（新增淤积面积）的曲线（图 7.8）。

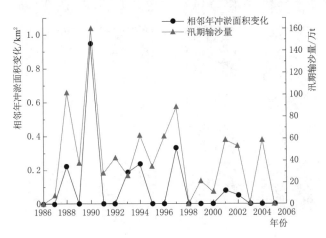

图 7.8　乌梁素海相邻年淤积面积变化与黄土窑子流域输沙量对比曲线

从图 7.8 中可以清晰看出，黄土窑子流域输沙量与相邻年淤积面积的差值（当年新淤积的面积）具有相同的变化趋势，如 1988—1990 年出现的暴雨洪水较大，输沙量也较大，与此相应，黄土窑子河携带泥沙在乌梁素海入口处淤积面积也增大。此外，1994 年及 1997 年的大洪水输沙，同样也使得新冲刷面积增大，相反在输沙量较小的年份，新冲刷面积也较小。

综上所述，乌梁素海东南边界淤积面积的变化与黄土窑子流域暴雨输沙具有密切的关系，1986—2015 年 30 年间，由于黄土窑子流域暴雨洪水的影响，已经使得乌梁素海水域面积减少了 2 km²，平均每年减少 10 万 m²，尽管淤积的面积仅为全湖的 1/150，但就乌梁素海东南部边界局域范围而言，已经很大程度上影响到了湖泊的健康和可持续发展。

7.4　小结

（1）近 50 年来，随着气温不断升高，乌梁素海降水量及水面蒸发量均呈现微幅或小幅的减少，降水量及水面蒸发量这两部分水量变化对乌梁素海水量变化的影响较小。乌梁素海东部流域分布有 4 条入湖河流，仅黄土窑子河汛期暴雨洪水是乌梁素海唯一的清洁水量补给来源，但随着流域干旱过程的不断发展，径流量同样呈现出明显的减少趋势。尽管东部流域山洪补给水量在湖泊总水量中所占比重较小，但其作为下游湖泊湿地的清洁水源对乌梁素海湖水稀释及净化的功能不可替代。

（2）乌梁素海东南边界淤积面积的变化与黄土窑子流域暴雨输沙具有密切的关系，近 30 年间，由于黄土窑子流域暴雨洪水的影响，已经使得乌梁素海水域面积减少了 2 km² 左右，尽管淤积的面积仅为全湖的 1/150，但就乌梁素海东南部边界局域范围而言，已经很大程度上影响到了湖泊的健康和可持续发展。

参 考 文 献

［1］ 赵军凯，李立现，张爱社，等 . 再论河湖连通关系［J］. 华东师范大学学报（自然科学版），2016（4）：118 - 128.

［2］ 李景保，周永强，欧朝敏，等 . 洞庭湖与长江水体交换能力演变及对三峡水库运行的响应［J］. 地理学报，2013，68（1）：108 - 117.

［3］ Bhave A G，Mishra A.，Raghuwanshi N. S. A combined bottom-up and top-down approach for assessment of climate change adaptation options［J］. Journal of Hydrology，2014，518：150 - 161.

［4］ Murphy K W，Ellis A W. An assessment of the stationarity of climate and stream flow in watersheds of the Colorado River Basin［J］. Journal of Hydrology，2014，509：454 - 473.

［5］ Li Y F，Guo Y，Yu G. An analysis of extreme flood events during the past 400 years at Taihu lake，China［J］. Journal of Hydrology，2013，500：217 - 225.

［6］ 于瑞宏 . 干旱区草型浅水湖泊近代演变研究——以乌梁素海为例［D］. 南京：南京大学，2007.

［7］ 金相灿 . 中国湖泊环境［M］. 北京：海洋出版社，1995.